前言

FOREWORD

　　选材是室内装修中非常重要的一个环节，材料选用的正确与否不仅关系到最终的装修效果，而且是影响装修成本的一个重要因素。但是随着高新技术在建筑材料中的巧妙运用，材料更新换代迅速，新型建材不断涌现，建材已经成为大众心中"熟悉的陌生人"。作为一名设计师，无论是传统材料还是新型材料，掌握它们的基础知识以及设计和运用方法，是必备的专业技能之一。靠经验的积累需要很漫长的时间，配备一本工具类的书籍，是迅速掌握材料知识的捷径。

　　本书由"理想·宅Ideal Home"倾力打造，作为一本实用性强的建材百科全书，顺应市场需求，建立了一套完整的建材知识系统。内容全面涵盖，以装修材料应用的基础知识作为开端，详细讲解了装修材料的特征、功能、分类，以及装修材料的用途、用量计算和设计趋势等，让读者对装修材料的应用基础做到心中有数。而后根据常用室内装修材料的特征，将它们划分为墙面材料、地面材料、顶面材料、门窗五金和厨卫设备等五大种类，每个大的分类中又包含了十种甚至数十种小的分类，并针对每种材料的特性、常见种类、市场价位、设计及施工技巧等进行了全面的讲解，详细条列各项不可不知的建材基础知识，为读者展示多维度的材料运用技巧。

编　者

2020 年 3 月

目录

CONTENTS

地面材料　105

第六章

厨卫设备   **189**

第一章
装修材料应用基础

了解室内装修材料的应用，应从相关知识点入手，如材料的基础概念及应用设计等，为掌握材料的设计和运用做好准备。

第一节
基础概论

一、装修材料的特征及功能

① 装修材料的特征

室内装饰材料是指用于建筑物内部墙面、顶棚、柱面、地面等部位的罩面材料。由颜色、光泽、透明性、表面组织、形状和尺寸、平面花饰、立体造型和基本使用性质构成基本特征。

（1）颜色

装修材料的颜色取决于三方面的因素：材料的光谱反射、投射于材料上的光线的光谱组成及观看者眼睛的光谱敏感性。这三个方面涉及物理学、生理学和心理学，但在这之中，光线是最重要的因素，因为没有光就完全看不见颜色。

▲ 黑色材料吸收全部光，呈现黑色

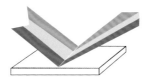

▲ 白色材料反射全部光，呈现白色

▲ 红色材料反射红光，呈现红色

（材料的光谱反射及投射于材料上的光线的光谱）

（2）光泽

光泽是材料的一种表面特性，在评定材料的外观时，其重要性仅次于颜色。当光线射到物体上时，一部分被反射，另一部分被吸收，如果物体是透明的，则一部分被物体透射。被反射的光线与光线的入射角相等时，形成的为镜面反射；被反射的光线分散在各个方向时，形成的是漫反射。

▲ 镜面反射

▲ 漫反射

漫反射与物体的颜色及亮度有关，而镜面反射则是产生光泽的主要因素。光泽是有方向性的光线反射性质，它对形成于表面上的物体形象的清晰程度，即反射光线的强弱，起着决定性的作用。

光泽感越强，反射的光线越强　　　　　漫反射与物体的颜色及亮度有关

（3）透明性

材料的透明性也是与光线有关的一种性质。既能透光又能透视的物体称为透明体。例如普通玻璃大多是透明的，而磨砂玻璃和压花玻璃等则为半透明的。

完全透明材料　　　　　　　　　　　　半透明材料

（4）表面组织

由于材料所有的原料、组成、配合比、生产工艺及加工方法的不同，使表面组织具有多种多样的特征：有细致的或粗糙的，有平整的或凹凸的，也有坚硬的或疏松的，等等。在运用装饰材料时，通常会要求装饰材料具有特定的表面组织，以达到一定的装饰效果。

▲ 不同材料的表面组织可构成丰富的层次

（5）形状和尺寸

对于砖块、板材和卷材等装饰材料的形状和尺寸都有特定的要求和规格。除卷材的尺寸和形状可在使用时按需要剪裁和切割外，大多数装饰板材和砖块都有一定的形状和规格，如长方形、正方形、多角形等几何形状，以便拼装成各种图案和花纹。

▲ 不同规格的材料，拼装成室内的各种图案和花纹

（6）平面花饰

装饰材料表面的天然花纹（如天然石材）、纹理（如木材）及人造的花纹图案（如壁纸、彩釉砖、地毯等）都有特定的要求，以达到一定的装饰目的。

▲ 灰色大理石的天然纹理，带来现代感及个性效果

（7）立体造型

装饰材料的立体造型包括压花（如塑料发泡壁纸）、浮雕（如浮雕装饰板）、植绒、雕塑等多种形式，这些形式的装饰大大丰富了装饰的质感，提高了装饰效果。

（8）基本使用性质

装饰材料还应具有一些基本性质，如强度、耐水性、抗火性、耐侵蚀性等，以保证材料在一定条件下和一定时间内使用而不损坏。

▲ 用浮雕石膏线装饰墙面，手法简练但层次丰富

▲ 卫浴间内的材料应具备耐水性、耐侵蚀性

❷ 装饰材料的功能

（1）内墙装饰功能

内墙装饰的功能或目的是保护墙体，保证室内环境的舒适性和美观性。

● 保护墙体：墙体的保护一般有抹灰、油漆、贴面等。传统的抹灰能延长墙体使用年限，当室内相对湿度较高，墙面易被溅湿或需用水刷洗时，内墙需做隔气隔水层加以保护，如厨房、卫浴间的内墙饰面用瓷砖贴面。

▲ 厨房、卫浴间内的墙面装饰材料兼具装饰性和隔绝水汽的作用

● 舒适性：内墙饰面一般不满足墙体热工功能，但当需要时，也可使用保温性能好的材料如珍珠岩等进行饰面，以提高保温性。内墙饰面对墙体的声学性能往往起辅助性功能，如反射声波、吸声、隔声等。

● 美观性：内墙的装饰效果由质感、线型与色彩三要素构成。由于内墙与人处于近距离之内，较之外墙或其他外部空间来说，质感要求细腻逼真；线型可以是细致的，也可以是粗犷有力的不同风格；色彩根据主人的爱好及房间内在性质决定，明亮度则可以随具体环境采用反光性、柔光性或无反光性装饰材料。

▲ 硬包设计不仅彰显品位还具有吸声作用　　　▲ 高明度的色彩可以使房间显得更明亮

（2）顶棚装饰功能

顶棚可以说是内墙的一部分，但由于其所处位置不同，对材料的要求也不同，不仅要满足保护顶棚及装饰的目的，还需具有一定的防潮、耐脏、容重小等功能。

顶棚装饰材料的色彩应选用浅淡、柔和的色调，给人以华贵大方之感，不宜采用浓艳的色调。常见的顶棚多为白色，以增强光线反射能力，增加室内亮度。还应与灯具相协调，除平板式顶棚制品外，还可采用轻质浮雕顶棚装饰材料。

▲ 白色顶棚可以让室内看起来更明亮

（3）地面装饰功能

地面装饰具有保护楼板和地坪，保证使用条件及装饰作用。

● 保护楼板和地坪：通过抹灰层及上层各种装饰材料的使用，可避免人直接接触楼板或地坪，进而起到保护作用。

● 保证使用条件：地面必须保证必要的强度、耐腐蚀、耐磕碰、表面平整光滑等基本使用条件。一楼地面还要有防潮的性能，浴室、厨房等要有防水性能，其他房间的地面应具有防止擦洗地面等生活用水的渗漏功能。标准较高的地面还应具有隔气声、隔撞击声、吸声、隔热保温以及富有弹性，使人感到舒适，不易疲劳等功能。

● 装饰作用：地面装饰除了给室内营造艺术效果之外，由于人在地面上行走活动，其材料及其做法或颜色的不同将给人造成不同的感觉。利用这一特点可以改善地面的使用效果。因此，地面装饰是室内装饰的一个重要组成部分。

▲ 地面材料首先应满足保护作用及使用条件，而后再考虑装饰性

二、装修材料的分类

市场上装修材料种类繁多，按照行业习惯大致可分为两大类：主材和辅材。

主材是指装修中的成品材料、饰面材料及部分功能材料。主材主要包括：地板、瓷砖、壁纸壁布、集成吊顶、石材、洁具、橱柜、热水器、龙头花洒、水槽、烟机灶具、门、灯具、开关插座、五金件等。

辅材是指装修中要用到的辅助材料。辅材主要包括：水泥、沙子、砖、板材、龙骨、防水材料、水暖管件、电线、腻子、各种胶、石膏板、木器漆、乳胶漆、地漏、角阀、软连接、保温隔声材料等。

① 主材

名称	概述
地板	泛指以木材为原料的地面装饰材料。市场目前最流行的有实木地板、实木复合地板、强化复合地板。其中实木复合地板和强化复合地板可用于地热地面
瓷砖	主要应用在厨房、卫浴间的墙面和地面的一种装饰材料。具有防水、耐擦洗的优点，也可用于客厅、餐厅和卧室的地面铺装。目前市场上运用较多的是釉面砖、玻化砖和仿古砖
壁纸壁布	一种墙面装饰材料，可弥补传统涂料的单调感，造成强烈的视觉冲击和装饰效果，多用于空间的主题墙
集成吊顶	是为了居室美观以及防止厨房和卫浴间的潮气侵蚀棚面而采用的一种装饰材料。主要分为铝塑板、铝扣板、集成吊顶、石膏板吊顶和生态木吊顶等
石材	分为天然大理石和人造石。天然大理石坚固耐用、纹理自然；人造石无辐射，颜色多样，可无缝黏接，抗渗性较好。可用于窗台板、台面、楼梯台阶、墙面装饰
洁具	包括坐便、面盆、浴缸、拖把池等卫浴洁具。坐便、面盆和浴缸的款式及种类较多，可根据个人喜好选择

续表

名称	概述
橱柜	时下厨房装修必备主材，分为整体橱柜和传统木工橱柜。整体橱柜可定制设计，采用机械工艺制作，安装快速，相比传统木工橱柜更时尚美观、实用
热水器	市场上可供选择的热水器有三种，即储水式电热水器、燃气热水器和电即热式热水器。如何选择热水器，要根据房间格局分布以及个人使用习惯选择
龙头花洒	是最频繁使用的水暖件，目前最流行的龙头花洒材料为铜镀铬、陶瓷阀芯的，本体为精铜的水暖件是避免水路隐患最可靠的保证
水槽	是厨房必备功能产品，从功能和尺寸上分为单槽、双槽、带刀具、带垃圾筒、带淋水盘等型号，材质上大部分使用不锈钢
烟机灶具	市场上的烟机根据吸烟原理可分为中式吸油烟机、欧式吸油烟机和侧吸式吸油烟机等。灶具分为明火灶具和红外线灶具
门	目前市场上有各种工艺的套装门，已经基本取代了传统木工制作的门和门口。套装门主要分为模压门、钢木门、免漆门、实木复合门、实木门和推拉门等
灯具	夜间采光的主要工具，也对空间的效果具有一定的装饰作用。灯具的挑选要考虑实用、美观、节能这三点
开关插座	包括单控开关、双控开关和多控开关，五孔插座、16A 三孔插座、带开关插座、信息插座、电话插座、电视插座、多功能插座、音箱插座和防水盒等
五金件	家装中用到的五金件非常多，例如：抽屉滑道、门合页、衣服挂杆、窗帘滑道、拉篮、浴室挂件、门锁、拉手、铰链、气撑等

❷ 辅材

名称	概述
水泥	主要用于瓷砖粘贴，地面抹灰找平，墙体砌筑等。家装最常用的水泥为 32.5 号硅酸盐水泥。水泥砂浆一般应按水泥：砂 =1 ：2（体积比）的比例来搅拌
沙子	配合水泥制成水泥砂浆、墙体砌筑、瓷砖粘贴和地面找平用。分为粗砂、中砂和细砂
砖	砌墙用的一种长方体石料，用泥巴烧制而成，多为红色，俗称"红砖"，也有"青砖"，尺寸为 240mm×115mm×53mm
板材	用于制作基层及饰面，种类较多，常用的有细木工板、指接板、饰面板、九厘板、密度板、三聚氰胺板及桑拿板等
龙骨	吊顶用的材料，分为木龙骨和轻钢龙骨。木龙骨又叫木方，一般用于石膏板吊顶。轻钢龙骨根据其型号、规格及用途的不同，一般用于铝扣板吊顶和集成吊顶
防水材料	家装主要使用砂浆防水剂、刚性防水灰浆、柔性防水灰浆三种防水材料。砂浆防水剂可用于填缝、非地热地面和墙面使用，防水灰浆厚度至少要达到 2cm
水暖管件	目前家装中做水路主要采用两种管材，PPR 管和铝塑管。PPR 管采用热熔连接方式；铝塑管采用铜件对接，还要保证墙面、地面内无接头。无论采用哪种材料，都应该保证打压合格
电线	选择通过国家 CCC 认证的合格产品即可，一般线路用 $2.5mm^2$ 即可，功率大的电器要用 $4mm^2$ 以上的电线

名称	概述
腻子	平整墙体表面的一种厚浆状涂料,是粉刷乳胶漆前必不可少的一种产品。按照性能主要分为耐水腻子、821腻子、掺胶腻子。耐水腻子具有防水防潮的特征,可用于卫浴间、厨房、阳台等潮湿区域
108胶	一种新型高分子合成建筑胶粘剂,外观为微白色透明胶体,施工合易性好、黏结强度高、经济实用,适用于室内墙砖、地砖的粘贴
白乳胶	黏结力强,无毒、无腐蚀、无污染的现代绿色环保型胶粘剂品种,主要用于木工板材的连接和贴面,木工和油工都会用到
玻璃胶	用于粘贴橱柜台面与厨房墙面,固定台盆和马桶,以及一些地方的填缝和固定等
发泡胶	一种特殊的聚氨酯产品,固化后的泡沫具有填缝、黏结、密封、隔热、吸声等多种效果,是一种环保节能、使用方便的材料。尤其适用于塑钢或铝合金门窗和墙体间的密封堵漏及防水、成品门套的安装
石膏板	用于吊顶及室内轻隔间墙面的制作,可分为纸面石膏板、浮雕石膏板和玻璃纤维增强石膏板等。其中纸面石膏板包含耐水和耐火等类型
木器漆	用于木器的涂饰,起保护木器和增加美观的作用。市场常用的品种有硝基漆、聚酯漆、不饱和聚酯漆和水性漆、天然木器涂料等
乳胶漆	是以合成树脂乳液为基料加入颜料、填料及各种助剂配制而成的一类水性涂料。按光泽效果分为无光、哑光、半光、丝光、有光乳胶漆等;按溶剂分为水溶性乳胶漆、水溶性涂料、溶剂型乳胶漆等;按功能分为通用型和功能型(防水、抗菌、抗污等)

第二节
材料应用设计

一、装修材料的用途

① 内墙装饰材料

● 壁纸：是一种用于裱糊墙面的室内装修材料，具有装饰和保护墙面的作用。壁纸具有色彩纯正、健康环保、施工速度快、样式丰富、价格空间大等优点。

● 壁布：也叫作纺织壁纸。表面为纺织材料，也可以印花、压纹。具有视觉舒适、触感柔和、少许隔声、高度透气、亲和性佳，防水耐擦等特点，作用与壁纸相同。

壁纸

壁布

● 墙面砖：墙面砖适用于洗手间、厨房、室外阳台的立面装饰。贴墙砖是为了保护墙面免遭水溅，并具有美化功能。它不仅用于墙面，还可以用在踢脚线处。

● 装饰面板：装饰面板是经过胶粘工艺制作而成的具有单面装饰作用的装饰板材。可覆盖于家具、墙面、门板等部位的基层之上，主要起到装饰作用。

墙面砖

装饰面板

● 墙面涂料：墙面涂料是指用于建筑墙面起装饰和保护作用的材料，使建筑墙面美观整洁的同时也能延长其使用寿命。如乳胶漆、硅藻泥、质感涂料、马来漆等。

墙面涂料　　　　　　　　　　　　　墙面涂料

❷ 地面装饰材料

● 地面砖：贴在建筑物地面的瓷砖统称为地面砖。地面砖具有质坚、耐压耐磨、能防潮的特点。有的经上釉处理后，具有很强的装饰作用。多用于客餐厅、厨房、卫浴间、阳台等空间。地面砖花色品种非常多，可供选择的余地很大，按材质可分为釉面砖、玻化砖、仿古砖等。

地面砖　　　　　　　　　　　　　　地面砖

● 木、竹地板：木、竹地板是指用木材或竹材制成的地板，主要有实木地板、强化地板、实木复合地板、竹木地板和软木地板等类型。此类材料具有保护地面、增加使用舒适度、隔声、保温等作用。

● 地毯：地毯（地毡）是一种纺织物，铺放于地上，具有舒适、隔声、美观、安全保暖等作用。尤其家中有幼童或长者，可以避免摔倒。

木地板 　　　　　　　　　　　　　　　　地毯

● 弹性地材：带有弹性的地面材料，较为常用的有亚麻地板、PVC 地板等，均有很高的环保性能。此类材料具有很好的弹性，可缓解行走时产生的压力，具有舒适的脚感，除此之外，还可保护地面，并带有一定的隔声、保温功效。

弹性地材

③ 吊顶材料

● 石膏板：石膏板是目前应用最广泛的一类吊顶装饰材料。具有良好的装饰效果和较好的吸声性能。具有防火、隔声、隔热、轻质、高强、收缩率小等特点，且稳定性好、不老化、防虫蛀。可用钉、锯、刨、粘等方法施工。

石膏板吊顶

石膏板吊顶

● 金属装饰板：制作材料有铝、铜、不锈钢、铝合金等。如铝扣板，质地轻、硬度强，有着很好的防潮、防污、防腐的功效，在厨房、卫浴间及阳台中常会使用到。

● 木类装饰材料：可用于吊顶装饰的木类材料有桑拿木、碳化木及生态木等。它们的原料为木材或木材与塑料的混合物，均具有很好的稳定性，而且还具有防水、防腐、保温隔热等作用。此外，还具有强的耐候性、耐老化性和抗紫外线等性能，不会发生变质、开裂、脆化，可有效地保护顶面。在客厅、餐厅、卧室、阳台、卫浴间都可以使用。

金属装饰板吊顶

生态木吊顶

二、装修建材用量计算

① 尺寸的测量

（1）先画平面草图

先在白纸上把要量度的房间用铅笔画出一张平面草图。可由大门口开始，一个一个房间连续画过去。把全屋的平面画在同一张纸上。草图不必太准确，样子差不多即可。

（2）画完草图再测量

使用拉尺测量尺寸。在每个房间内一段一段测量，随即将数据写在图上相应的位置。用同样办法测量立面，记录下来。用红色笔在平面图和立面图上写上原有水电设施位置的尺寸（包括开关、顶棚灯、水龙头、煤气管的位置等）。

② 常用装修材料的计算方法

（1）墙地砖的用量计算

市场上常见的墙地砖规格有 1000mm×1000mm、800mm×800mm、600mm×600mm、500mm×500mm、400mm×400mm、300mm×300mm 等。

● 粗略的计算方法。房间地面面积 ÷ 每块地砖面积 ×（1+10%）= 用砖数量（式中 10%是指增加的损耗）。

● 精确的计算方法。（房间长度 ÷ 砖长）×（房间宽度 ÷ 砖宽）= 用砖数量。例如：长 5m、宽 4m 的房间，采用 400mm×400mm 规格地砖的计算方法 5m÷0.4m=12.5 块（取 13 块）4m÷0.4m=10 块，13×10 块 = 用砖总量 130 块。

● 建议。地面地砖在精确核算时，考虑到裁切损耗，购置时需另加 3%～5% 的损耗量。墙砖用量和地砖一样，可参照计算。

▲ 若采取斜贴、拼贴等方式铺贴瓷砖，损耗比常规铺贴更大

（2）壁纸的用量计算

壁纸常见的规格为每卷长 10m，宽 0.53m。

● 粗略的计算方法。房间的长 × 房间的宽 ×3= 壁纸的总面积；壁纸的总面积 ÷（0.53m×10）= 壁纸的卷数，或直接将房间的面积乘以 2.5，其乘积就是贴墙用料数，如 20m² 房间用料为 20×2.5=50m。

▲ 特殊样式的壁纸需根据墙体高度和宽度定做

● 精确的计算方法。还有一个较为精确的公式：$S=(L/M+1)×(H+h)+C/M$。其中 S 为所需贴墙材料的长度（m）；L 为扣去窗、门等后四壁的总长度（m）；M 为贴墙材料的宽度（m），加 1 作为拼接花纹的余量；H 为所需贴墙材料的高度（m）；h 为贴墙材料上两个相同图案的距离（m）；C 为窗、门等上下所需贴墙的面积（m²）。

● 建议。因为壁纸规格固定，因此在计算它的用量时，要注意壁纸的实际使用长度，通常要以房间的实际高度减去踢脚板以及顶线的高度。另外，房间的门、窗面积也要在使用的分量数中减去。同时，还要考虑对花，对图案大的款式，要比实际用量多买10%左右。

（3）地板

地板常见规格有 1200mm×190mm、800mm×121mm、1212mm×295mm 等，损耗率一般在 3%~5%。

● 粗略的计算方法。地板的用量（m²）= 房间面积 + 房间面积 × 损耗率。例如：需铺设木地板房间的面积为 15m²，损耗率为 5%，那么木地板的用量（m²）=（15+15×5%）m²=15.75m²。

● 精确的计算方法。（房间长度 ÷ 地板板长）×（房间宽度 ÷ 地板板宽）= 地板块数。例如：长 6m，宽 4m 的房间其用量的计算方法如下。房间长 6m÷ 板长 1.2m=5 块，房间宽 4m÷ 板宽 0.19m ≈ 21.05（块），取 21 块 用板总量：5×21 块 =105 块。

● 建议。木地板的施工方法主要有架铺、直铺和拼铺三种，但表面木地板数量的核

▲ 花式铺设（左图）比直铺（右图）的损耗大一些

算都相同，只需将木地板的总面积再加上 8% 左右的损耗量即可。但对架铺地板，在核算时还应对架铺用的大木方条和铺基面层的细木工板进行计算。核算这些木材可从施工图上找出其规格和结构，然后计算其总数量。如施工图上没有注明其规格，可按常规方法计算数量。架铺木地板常规使用的基座大木方条规格为 60mm×80mm、基层细木工板规格为 20mm，大木方条的间距为 600mm。每 100m^2 架铺地板需大木方条 0.94 m^3、细木工板 1.98m^3。

（4）涂料

市场上常见的涂料分为 5L 和 20L 两种规格，以家庭中常用的 5L 容量为例，一般面漆需要涂刷两遍，所以 5L 的理论涂刷面积为 35 m^2。

● 粗略的计算方法。房间面积（m^2）除以 4，需要粉刷的墙壁高度（m）除以 4，两者的得数相加便是所需要涂料的公斤数。例如，一个房间面积为 20 m^2，墙壁高度为 2.8m，那么，就是（20÷4）+（28÷4）=11，即 11kg 涂料可以粉刷墙壁两遍。

● 精确计算方法。（房间长 + 房间宽）×2× 房高 = 墙面面积（含门窗面积）；房间长 × 房间宽 = 顶棚面积；（墙面面积 + 顶棚面积 – 门窗面积）÷35= 使用桶数；例如：长 5m，宽 4m，高 2.7m 的房间，室内的墙、顶棚涂刷面积计算方法为墙面面积：（5m+4m）×2×2.7m=48.6m^2（含门窗面积 4.5m^2），顶棚面积：5m × 4m = 20 m^2，涂料量：（48.6m^2+20m^2 – 4.5m^2）÷35m^2／桶 =1.83 桶。实际需购置 5L 装的涂料 2 桶，余下可作备用。

● 墙漆计算方法。墙漆施工面积 =（建筑面积 ×80%-10）×3。建筑面积就是购房面积，现在的实际利用率一般在 80% 左右，厨房、卫浴间一般是采用瓷砖、铝扣板的面积大多在 10m^2。

● 用漆量。按照标准施工程序的要求底漆的厚度为 30μm，5L 底漆的施工面积一般在 65 ~ 70m^2；面漆的推荐厚度为 60 ~ 70μm，5 L 面漆的施工面积一般在 30 ~ 35m^2。底漆用量 = 施工面积 ÷70；面漆用量 = 施工面积 ÷35。

● 建议。以上只是理论涂刷量，因在施工过程中涂料要加入适量清水，如涂刷效果不佳还需补刷，所以以上用量只是最低涂刷量，实际购买时应在精算的数量上留有余地。

▲ 壁纸和乳胶漆混合使用时，应减去壁纸的面积

▲ 拼花的损耗需要根据难易程度来计算

（5）地面石材

地面石材耗量与瓷砖大致相同，只是地面砂浆层稍厚。在核算时，考虑到切截损耗，搬运损耗，可加上 1.2% 左右的损耗量（若是多色拼花则损耗率更大，可根据难易程度，按平方数直接报总价）。

铺地面石材时，每平方米所需的水泥和砂要根据原地面的情况来定。通常在地面铺 15mm 厚水泥砂浆层，其每平方米需普通水泥 15kg，中砂 $0.05m^3$。

（6）装饰线条

● 装饰线条的主料。装饰线条的主材料即为线条本身。核算时将各个面上装饰线条按品种规格分别计算。所谓按品种规格计算，即把装饰线条分为压角线、压边线和装饰线三类，其中装饰线又分为角线、半圆线、指甲线、凹凸线、波纹线等品种，每个品种又可能有不同的尺寸。计算时就是将相同品种和规格的装饰线条相加，再加上损耗量。一般对线条宽 10~25mm 的小规格装饰线条，其损耗量为 5%~8%；宽度为 25~60mm 的大规格装饰线条，其损耗量为 3%~5%。对一些较大规格的圆弧装饰线条，因为需要定做或特别加工，所以一般都需单项列出其半径尺寸和数量。

● 装饰线条的辅助材料。如用钉松来固定，每 100m 的装饰线条需 0.5 盒，小规格的装饰线条通常用 20mm 的钉枪钉。如用普通铁钉，每 100m 需 0.3kg 左右。装饰线条的粘贴用胶，一般为白乳胶、309 胶、立时得等。每 100m 装饰线条需用量为 0.4~0.8kg。

◀ 线条的损耗与线条本身的宽度、造型及造型设计的复杂程度有关

三、装修建材设计趋势

① 绿色环保化趋势

健康是最大的财富，使用有害物超标的建材，会对人们的健康造成危害，为了健康着想，人们越来越关注建材的环保性，并热衷于使用无毒害的装修建材。如装修中必不可少的漆类材料，不含甲醛的环保无毒墙漆和木器漆，呈现出逐渐代替含有挥发物的传统漆的趋势；占据室内面积较大的柜体，也逐渐从现场制作而转变为集成化制作，现场安装。这些建材的变化充分地体现出了绿色环保化的趋势。

◀ 柜子是室内占据面积最大的家具，进行设计时，需对其环保性进行考虑

② 高分子复合型材料趋势

高分子复合型材料集各种材料之长，因此，越来越多的被用于室内设计中。如由高分子复合型材料制成的套装门，具有防水、防火、隔声效果好且高强度、高韧性的特点，其弥补了传统全木门不耐潮湿、不防火、造价高等缺点；而高分子复合型材料制成的地板，与传统木地板相比，则具有强度高、耐水性好、稳定性好、防火、防滑、安装快速、保养简单及更加经济等优点。且此类材料的重量比传统材料更轻，可有效地减轻建筑负担，并减少自然资源的使用，符合节能观念，可预见，此类建材会逐渐替代传统建材。

③ 多功能性趋势

装修建材的多功能性，可解决产品功能的单一，提高产品的使用价值，避免资源浪费，一物多用的建材设计方式会越来越受到人们的喜爱。例如中空玻璃、夹层玻璃、热反射玻璃等，不仅能够调节室内光线，还可调节室内空气，节约能源；各类发泡型、泡沫型装饰板，不仅能够美化环境，还兼具有吸声的作用。

第二章
墙面材料

墙面在室内界面中占据较大的面积，且位于人的视线水平线位置，会最先被人看到，因此可以说，其材料的选择和设计是室内材料设计的重中之重。

板材

一、木纹饰面板

❶ 材料特点

- 木纹饰面板具有花纹美观、装饰性好、真实感强、立体感突出等特点，是目前室内装饰装修工程中常用的一类装饰面材。
- 木纹饰面板的种类众多，色泽与花纹都有很多选择，因此各种家居风格均适用。
- 木纹饰面板在装修中起着举足轻重的作用，使用范围非常广泛，门、家具、墙面上都会用到，还可用作墙面、木质门、家具、踢脚线等部位的表面饰材。
- 由于木纹饰面板的品质众多，产地不一，因此价格差别较大，从几十元到上百元的板材均有很多选择。

❷ 材料常见种类

木纹饰面板的种类很多，如柚木、樱桃木、胡桃木、橡木、檀木、铁刀木和枫木等。但总的来说，可将其分为天然木纹饰面板和科技木纹饰面板两类，天然木纹饰面板的原料为天然树木，纹理美观、自然，但种类较少，可能会存在色差、节疤等问题；科技木纹饰面板原料为人工制品，种类多、无色差，但纹理规律性强，美观性和自然感略差。

❸ 材料的设计与搭配

可为居室增添温馨与质朴感

在进行家庭装修中的墙面设计时，木纹饰面板是最为常用的装饰材料之一。木纹饰面板不仅可以令居室更具温馨感，同时也可以令空间呈现出自然的原始状态，给人以质朴的空间感受。如果觉得木纹饰面板过于单调，可以通过造型和软装来丰富空间视觉效果。

▲ 浅色系的木纹饰面板，具有自然的纹理和温润的色泽，令室内空间呈现出舒适、惬意的氛围

❹ 材料的施工与运用

木纹饰面板背景墙的施工步骤

饰面板处理

- 表层砂光效果不好的板材，应用细砂纸清洁其表面灰尘、污质。
- 在安装面板前必须刷好合格的底漆，防止板材变形和在使用过程中被污染。

基层材料及基层处理

- 木龙骨、基层板等材料必须涂刷两遍防火漆。
- 基层墙面需做好防潮处理，如铺一层均匀的油毡或油纸防潮。

龙骨架安装

- 整片或分片将木龙骨架钉装上墙，要求龙骨架整体与墙面找平，四角与地面找直。

弹线分格

- 按照设计图样在墙上画出水平线，按龙骨分挡尺寸弹出分格。

板材安装

- 挑选色泽相近、木纹一致的面板拼装在一起，要求连接处不起毛边。
- 钉装面板的钉距一般为 100mm，钉头应打入板内 0.5～1mm，布钉应均匀。

表面涂饰

- 木纹饰面板钉装完成后，对板缝、四周边角部位进行修整，做到平、直。
- 用与板材相同颜色的腻子对钉眼进行修补，最后对表面进行涂饰。

施工贴士

- 木纹饰面板与基层的连接应牢固、结实、平整，表面应平整、洁净、色泽一致，无裂痕和损伤。

- 木纹饰面板嵌缝应密实、平直，宽度和深度应符合设计要求，嵌缝材料色泽应一致。

- 木纹饰面板在墙面施工时，要注意纹路上下要有正片式的结合，纹路的方向性要一致，避免拼凑的情况发生，影响美观。

- 使用木纹饰面板做柜体层板时，要注意饰面板的方向，以免变形；另外要注意贴边皮的收缩问题，宜选用较厚的饰面板，避免产生变形。

二、薄木单板

❶ 材料特点

- 薄木单板也叫木皮，是将天然木材以旋切或锯制的方法所生产的木质薄片状的一种饰面材料。
- 薄木单板还原了天然木材纹理和质感的同时，解放了木材的材料限制，实现了木材能源的节约。
- 薄木单板的种类丰富、纹理多样。因其制作时切割方向的不同，会形成不同方向及形状的纹理。
- 薄木单板可用作家具、墙面及门板等部位的装饰贴面。
- 薄木单板根据制作工艺的区别，价格为 60 ～ 300 元 /m²。

❷ 材料常见种类

薄木单板常见的种类有：天然薄木单板、染色薄木单板、科技薄木单板和拼接薄木单板等。天然薄木单板纹理及色泽天然优美，但容易存在裂痕、死节等缺陷；染色薄木单板为天然薄木单板的染色产品；科技薄木单板为人造产品，色彩纹理选择丰富，但纹理不够自然；拼接薄木单板为有规律的拼花效果，适合做局部装点。

▲ 天然薄木单板　　　　▲ 染色薄木单板　　　　▲ 科技薄木单板　　　　▲ 拼接薄木单板

❸ 材料的设计与搭配

不同纹理带来不同感觉

使用薄木单板做设计时，除选择品种、颜色外，还应注意纹理的选择。不同裁切方式制作出不同的纹理，不同纹理给人的不同感觉，如直纹较为理性，山纹则较为活泼。

▲ 山纹薄木单板设计的柜子，比较具有活泼感

④ 材料的施工与运用

薄木单板的施工步骤

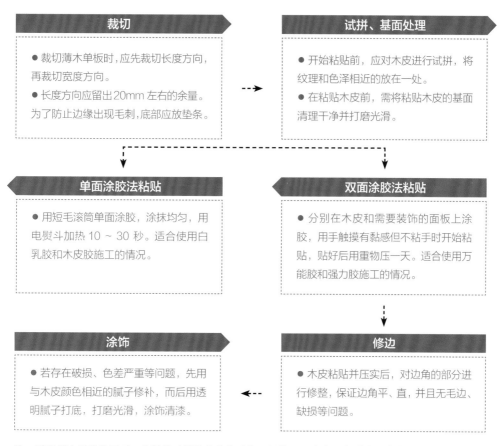

裁切

- 裁切薄木单板时,应先裁切长度方向,再裁切宽度方向。
- 长度方向应留出20mm左右的余量。为了防止边缘出现毛刺,底部应放垫条。

试拼、基面处理

- 开始粘贴前,应对木皮进行试拼,将纹理和色泽相近的放在一处。
- 在粘贴木皮前,需将粘贴木皮的基面清理干净并打磨光滑。

单面涂胶法粘贴

- 用短毛滚筒单面涂胶,涂抹均匀,用电熨斗加热10～30秒。适合使用白乳胶和木皮胶施工的情况。

双面涂胶法粘贴

- 分别在木皮和需要装饰的面板上涂胶,用手触摸有黏感但不粘手时开始粘贴,贴好后用重物压一天。适合使用万能胶和强力胶施工的情况。

涂饰

- 若存在破损、色差严重等问题,先用与木皮颜色相近的腻子修补,而后用透明腻子打底,打磨光滑,涂饰清漆。

修边

- 木皮粘贴并压实后,对边角的部分进行修整,保证边角平、直,并且无毛边、缺损等问题。

注:需要用电熨斗热压时,热压的时间需分季节对待:气温25℃左右,电熨斗温度为150～170℃,加热时间为3～10秒;气温低于13℃,加热温度需提高50℃左右,加热时间为10～30秒。

施工贴士

- 薄木单板粘贴应平整,无任何起皱、波纹现象。与基层结合应牢固、无露底现象。
- 薄木单板粘贴时,若有对缝处,则对缝的处理应准确、接缝严密,纹理无错位现象。
- 薄木单板的边缘部位应整齐、无毛边,阴阳转角应垂直、棱角分明,搭接应顺畅、无接缝。

三、防火板

① 材料特点

- 防火板色泽鲜艳、款式多样，除纯色款式外，还能仿制如木纹、石材等多种纹理。
- 防火板表面硬度高、耐磨、耐高温、耐撞击，表面毛孔细小不易被污染，耐溶剂性、耐水性、耐焰性及耐老化等特性强。
- 防火板无法创造凹凸、金属等立体效果，因此时尚感稍差。
- 防火板的施工对于粘贴胶水的要求比较高，质量较好的防火板价格比装饰面板贵。
- 防火板广泛用于室内装饰贴面、各类家具台面和厨房柜体制作等方面。
- 防火板的厚度一般为 8mm 、 10mm 和 12mm。

② 材料常见种类

类别		特点	价格（元／张）
纯色防火板		纯色无任何花纹做装饰，光泽感极强，色彩鲜艳，是较为常见的一种防火板，价格相对较低	100 ～ 200
木纹防火板		采用仿木纹色纸制成，表面纹理多样，如油漆面、刷木纹、横纹、真木皮纹等	100 ～ 300
石材纹理防火板		对石材的纹理进行扫描后，使用数码印刷技术制作，突破以往尺寸限制制作的大规格的板材	100 ～ 300
皮革纹理防火板		表面仿照皮革的质感和纹理制成，颜色柔和，易于清洗	100 ～ 300

③ 材料的设计与搭配

防火板更适合用在厨房中

防火板的纹理完全由人工制作,因此装饰性比其他装饰板材差,但它最大的特点是防火,因此非常适合用在温度较高且需要用火的厨房中,可为板材类橱柜及墙面的设计提供更多的选择性。

▲ 木纹防火板设计的板材橱柜,为厨房增添了温馨感和自然气息

④ 材料的施工与运用

防火板的施工步骤

切割防火板	贴封边条
● 用切割工具将防火板切割成需要的尺寸,注意防火板每条边需要多留 6mm 做修边之用。切割防火板最好使用碳钢材质刀具,且从正面进刀。	● 将基板的边和封边条背面均匀涂满胶,待胶水不粘手后,将封边条仔细粘贴至基板的垂直边上。

加压除空气	贴水平面防火板
● 在封边条和水平面的防火板均粘贴完成后,需要分别使用滚轮或压力机加压,将内部的空气压出,使防火板与基层粘结得更牢固。	● 水平面的粘贴方式同垂直面相同,如果粘贴的面积很大,可用木条先间隔着放在基板上,将防火板与基板对正后,再将木条抽出,一步步按压在基板上。

修边	清洁
● 加压完成后,需用修边机等将多余的边去除,然后用锋利的锉刀将接缝处锉圆滑。	● 用干净的湿布或海绵蘸取中性皂液或清洁剂,将防火板的表面清洁干净。

注：防火板的施工贴士,可参考薄木单板部分的内容。

四、护墙板

❶ 材料特点

- 护墙板从基材的种类上可分为木质及塑料两大类。
- 护墙板款式多样且可定制，既有木纹又有纯色，可选择性多样。装饰墙面能起到画龙点睛、丰富空间整体层次感的作用。
- 木质护墙板属于不良导体，采用木质护墙板的房间具有冬暖夏凉的效果。
- 护墙板设计完成后由工厂加工生产，现场只需组装，可有效减少现场污染。
- 护墙板安装方便、快捷，省时省力，并且可多次拆装使用。
- 护墙板根据使用材料及制作方式的不同，价格为 200 ~ 1000 元 /m^2。

❷ 材料常见种类

护墙板按照设计形式可分为整墙板、中空墙板和墙裙三种类型。整面墙均做造型，其设计的常见基本特点就是尽量实现"左右对称"；中空墙板的芯板的位置通常不做木饰面，中间用其他装饰材料代替木板；墙裙为半高墙板，底部落地，多以造型均分为主。

▲ 整墙板　　　　　　　▲ 中空墙板　　　　　　　▲ 墙裙

❸ 材料的设计与搭配

可结合面积和采光选择纹理

护墙板有木纹和纯色两大系列，设计时可结合居室面积和采光进行选择。如在大面积空间中，没有选择限制，若觉得过于空旷时，可选择深色系列，木纹或纯色均可。而在中小户型或采光不佳的房间中，更适合使用色彩较为明亮的纯色系列，深色木纹或深色款式更适合做墙裙或用在局部。

▲ 在中等面积的客厅内，使用蓝色系的纯色护墙板搭配茶色壁纸装饰墙面，清新、宽敞且不乏层次感

④ 材料的施工与运用

护墙板的施工步骤

基层墙面处理

● 在开始施工前，墙面应涂刷一层冷底子油，并贴上油毡防潮层用来防潮。实木护墙板需将原包装拆封就地保存至少48 小时。

切割护墙板

● 根据护墙板和墙面尺寸，计算出整数块和拼板，而后进行切割。

● 在安装前将每一分块找方找直后试装一次，经调整修理后再正式钉装。

安装护墙板

● 在起始块的位置设置一个凹槽，将护墙板从左到右插入踢脚线内，在距上口1.5cm 处安上膨胀螺栓或钢钉，注意钉子不能露出护墙板面。

安装踢脚线

● 将踢脚线挂钩用膨胀螺栓或钢钉固定在墙上。挂钩孔与地面的距离为7.8cm，每隔 60cm 固定一只钩，然后将一端已加工成 45° 的踢脚线挂到挂钩上。

安装腰线和装饰线

● 在腰线及装饰线的凹槽内涂上专用胶，插到凹凸面处，需注意墙角处必须45° 对角。

安装顶角线

● 将顶角线的两侧涂上专用胶，而后粘到顶角处，再拉开数分钟，然后紧紧粘上。

施工贴士

● 护墙板安装完成后，需特别注意上沿线水平，应无明显偏差，阴阳角应垂直，阳角呈 45° 连接紧密。

● 在需要安装开关、插座之处，应预留洞口，其套割应准确、整齐。

● 若安装的为木纹护墙板，切割前，应对护墙板进行筛选，将木种、颜色、花纹一致的放在一个房间内。护墙板安装前，必须进行预装，调节色差和纹理差距大的板块，而后再正式开始钉装。

● 如果安装的是实木护墙板，则需先用龙骨找平，而后再安装护墙板。

五、椰壳板

① 材料特点

- 椰壳板是一种新型环保建材，是以高品质的椰壳为原材料，采用纯手工制作而成的板材。
- 椰壳板经磨削后，具有光滑、耐磨、抗压、抗折断，耐潮湿、不怕水，防蛀等优点。
- 椰壳板在使用时，可以根据地理环境，适当地涂刷保护漆。
- 椰壳板色彩稳定，易清洗，易保养，只需用液体蜡或核桃油涂抹擦拭即可。
- 椰壳板适用于居家墙面、柱体、飘窗、阳台、屏风、家具台面，以及艺术拼花等处。
- 椰壳板价格约为 20~50 元 / 片，1m^2 需要 15~20 片。

② 材料常见种类

椰壳板根据处理方式可分为自然椰壳板、洗白椰壳板和黑亮椰壳板三类。自然椰壳板呈现椰壳的自然色泽，以咖啡色为主；洗白椰壳板是将自然椰壳做洗白脱色处理制成，色泽为米白色而非纯白色；黑亮椰壳板为深棕色，复古感和厚重感较浓郁。

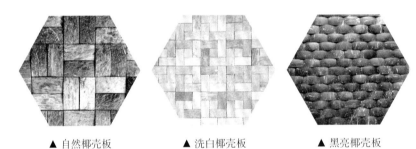

▲ 自然椰壳板　　　　▲ 洗白椰壳板　　　　▲ 黑亮椰壳板

③ 材料的设计与搭配

根据需要选择拼贴纹理

椰壳板的组成为小块的椰壳，这为拼贴形式的设计提供了极大的便利，设计时可根据需要，选择二拼板、直纹、人字纹、乱纹、回形纹、耶侧板等纹理样式。

▲ 乱纹　　　　▲ 回形纹　　　　▲ 耶侧板

④ 材料的施工与运用

椰壳板的施工步骤

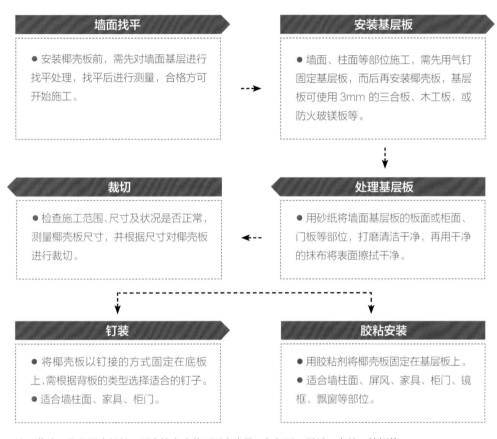

墙面找平
- 安装椰壳板前，需先对墙面基层进行找平处理，找平后进行测量，合格方可开始施工。

安装基层板
- 墙面、柱面等部位施工，需先用气钉固定基层板，而后再安装椰壳板，基层板可使用3mm的三合板、木工板，或防火玻镁板等。

裁切
- 检查施工范围、尺寸及状况是否正常，测量椰壳板尺寸，并根据尺寸对椰壳板进行裁切。

处理基层板
- 用砂纸将墙面基层板的板面或柜面、门板等部位，打磨清洁干净，再用干净的抹布将表面擦拭干净。

钉装
- 将椰壳板以钉接的方式固定在底板上，需根据背板的类型选择适合的钉子。
- 适合墙柱面、家具、柜门。

胶粘安装
- 用胶粘剂将椰壳板固定在基层板上。
- 适合墙柱面、屏风、家具、柜门、镜框、飘窗等部位。

注：若施工的基层为板材，可直接省略前面两个步骤，如柜面、屏风、家具、镜框等。

施工贴士

- 椰壳板若采取胶粘安装法，在为椰壳板背面涂抹胶粘剂时应均匀。
- 若施工的面积较大，且选择胶粘法安装，施工前可先用粗砂纸将底板磨毛，来增加底板与椰壳板间的黏合性。
- 椰壳板表面无须涂刷油漆，但为了做保护或改变色彩可做以下调整：

涂刷保护漆：可适当涂刷保护漆，以避免因温度和湿度的变化而导致氧化、变色。

染色处理：可以采用木皮染色的做法，来改变或加深椰壳板本身的色泽。

六、波浪板

① 材料特点

- 波浪板是一种时尚艺术室内装饰板材，又称 3D 立体波浪板，可代替天然木皮、贴面板等，用于墙面装饰。
- 波浪板具有环保、吸声隔热、施工简便的优点，且材质轻盈，具有立体造型和极强的装饰效果。
- 波浪板特有的纹理，非常适合现代风格的家居环境。
- 波浪板具有防撞击的性能，因此比较适用于儿童房，也特别适用于门厅、玄关、背景墙、电视墙、廊柱、吧台、门和吊顶的设计。
- 波浪板的价格大致为 80 ～ 150 元 /m²，适合经济、实用性的家居设计。

② 材料常见种类

波浪板目前常见的纹路主要有直波纹、水波纹、祥云纹、螺旋纹、菱形纹、孔雀纹、太阳纹、钻石纹、瓦槽纹、斑马纹、回字纹等几十种花纹造型。表面装饰效果有纯白板、贴金银、珠光板、星光板、裂纹漆板、仿石等近三十种，另外，还可根据需求进行定制。

▲ 水波纹　　　　▲ 祥云纹　　　　▲ 螺旋纹　　　　▲ 菱形纹

③ 材料的设计与搭配

可令空间更具层次感

极富艺术感的波浪板可根据不同需求，定做不同的图案、颜色及造型。其浮雕式立体感可以打破空间的沉闷，使整体环境变得更具层次感。

▶ 波浪板极强的立体感，搭配多方位的光影变化，使小面积墙面极具层次感

④ 材料的施工与运用

波浪板的施工步骤

墙面找平

● 安装波浪板前，需先对墙面基层进行找平处理，找平后进行平整度测量，合格方可开始施工。找平后的墙面应确保干净、整洁，无粉尘、掉灰现象。

放线

● 根据设计图纸和波浪板的尺寸，在墙面对应位置进行放线。画线时可用水平仪或红外线水平仪辅助，确保横平竖直及位置的准确性。

粘贴

● 按照放线的位置，将波浪板粘贴到墙面基层上。板块之间需预留缝隙。为了确保缝隙的一致，可使用 1.5mm 的砖缝十字夹固定。

裁切、打胶

● 根据设计图纸，将大尺寸的波浪板裁切为适合的尺寸。
● 在波浪板的背面用胶枪打上胶粘剂，注意胶点应分布均匀。

上底漆、修补

● 上底漆可使板体内保持一定的干燥程度，降低膨胀率和收缩率。
● 对缝隙及有缺陷的部位进行修补。

表面装饰

● 底漆干燥后，用干净的毛巾擦去板材表面的浮灰。
● 根据设计图纸，使用白漆、色漆或其他材料，对表面进行装饰。

施工贴士

● 波浪板在拼接时，应将纹路、造型对齐，不宜用钉子锤击安装。
● 波浪板在验收时一定要注意其是否变形、翘曲。验收时用 2m 长的直尺，靠在波浪板上测量其平整度，可多抽几处测量，如果合格率在 80% 以上就视为合格，反之则为不合格。
● 施工过程中应做好产品板面保护措施，可用一些松软的物品如软布料类，防止操作工具锯伤板面。

七、装饰构造一体板

❶ 材料特点

- 装饰构造一体板即为带有饰面的结构板材，此类板材避免了贴面的处理步骤，且具有较为独特的装饰效果。
- 装饰构造一体板可用于柜体家具、墙面、地台、柱面等部位的结构制作和饰面。
- 由于表面省去了油漆或粘贴面板的步骤，进而可缩短工期，并减少污染源。
- 护墙板设计完成后由工厂加工生产，现场只需组装，可有效减少现场污染。
- 护墙板安装方便、快捷，省时省力，并且可多次拆装使用。
- 根据制作的不同，装饰构造一体板的价格大致为 100 ~ 400 元 / 张。

❷ 材料种类

较为常用的装饰构造一体板有三聚氰胺板、指接板和欧松板等。三聚氰胺板也叫免漆板，表面为木纹纹理，色彩丰富，防火、耐磨、耐酸碱腐蚀；指接板表面带有天然纹理，具有自然感，可代替细木工板；欧松板质轻、整体均匀性好，结实耐用。

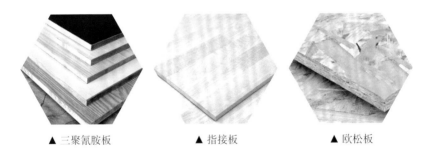

▲ 三聚氰胺板　　　　　▲ 指接板　　　　　▲ 欧松板

❸ 材料的设计与搭配

装饰构造一体板，适合直线条和平面为主的造型

装饰构造一体板的面层和底层为一体式结构，因此无法制作复杂的造型，如雕花设计、凹凸设计等，因此，更适合设计为以直线条和平面为主的造型，如横平竖直的开敞式收纳柜。

▶ 开敞式收纳柜为平面造型结构，使用装饰构造一体板制作方便、快捷，同时还兼具很强的装饰性

❹ 材料的施工与运用

装饰构造一体板柜子的施工步骤

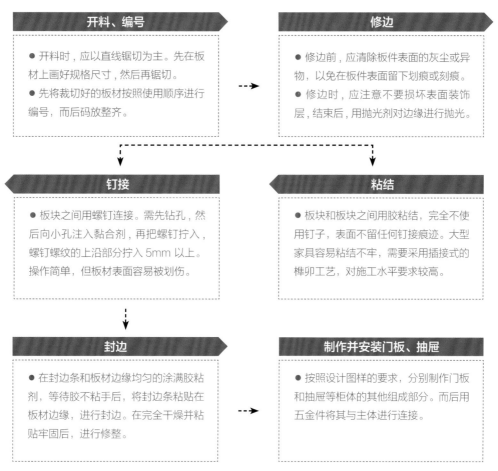

开料、编号
- 开料时，应以直线锯切为主。先在板材上画好规格尺寸，然后再锯切。
- 先将裁切好的板材按照使用顺序进行编号，而后码放整齐。

修边
- 修边前，应清除板件表面的灰尘或异物，以免在板件表面留下划痕或刻痕。
- 修边时，应注意不要损坏表面装饰层，结束后，用抛光剂对边缘进行抛光。

钉接
- 板块之间用螺钉连接。需先钻孔，然后向小孔注入黏合剂，再把螺钉拧入，螺钉螺纹的上沿部分拧入5mm以上。操作简单，但板材表面容易被划伤。

粘结
- 板块和板块之间用胶粘结，完全不使用钉子，表面不留任何钉接痕迹。大型家具容易粘结不牢，需要采用插接式的榫卯工艺，对施工水平要求较高。

封边
- 在封边条和板材边缘均匀的涂满胶粘剂，等待胶不粘手后，将封边条粘贴在板材边缘，进行封边。在完全干燥并粘贴牢固后，进行修整。

制作并安装门板、抽屉
- 按照设计图样的要求，分别制作门板和抽屉等柜体的其他组成部分。而后用五金件将其与主体进行连接。

注：欧松板和指接板表面均需进行涂饰，在门板和抽屉制作完成后，需对板材表面进行补钉眼和刮透明腻子，而后涂刷清漆。全部完成后，再进行组装。

施工贴士

- 制作需固定在墙面的大型柜子前，应对墙面或背板进行防潮处理，如粘贴一层防潮层。
- 指接板进场后，用油漆将指接板正反面封闭后再施工，可降低其变形概率。
- 欧松板在侧面握钉时，应先用电钻打小孔，再上自攻钉。另外，建议欧松板都用实木收边。

八、构造板

① 材料特点

- 构造板主要用于制作家具、门扇、门窗套及墙面造型等处的基层。
- 构造板的种类较多，厚度、特点各不相同，适合各种档次的装修。
- 构造板根据制作材料的不同，价格大致为 100 ~ 350 元 / 张。

② 材料常见种类

常用的构造板有细木工板、刨花板、多层板、中密度纤维板等。细木工板握钉力好，但竖向的抗弯压强度差，怕潮湿和日晒；刨花板横向承重力好，但防潮性差；多层板不易变形，但含胶量大；中密度纤维板表面光滑平整，适合做油漆效果，但不耐潮湿。

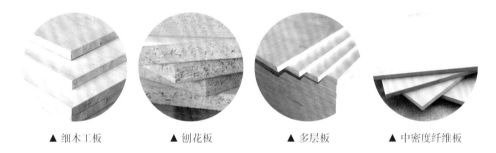

▲ 细木工板　　　　▲ 刨花板　　　　▲ 多层板　　　　▲ 中密度纤维板

③ 材料的设计与搭配

根据使用部位选择构造板的种类

进行设计时，可根据使用部位以及居住人群的不同，来考虑构造板的种类。例如儿童房和老人房，应尽量以环保为出发点选择；若房间较潮湿，则不宜选择不耐潮的类型；如果家具需要摆放的重物较多，则应选择横向承重能力佳的种类等。

▲ 需要油漆的柜子，在干燥的区域，可使用中密度纤维板或欧松板来设计

④ 材料的施工与运用

构造板墙面造型的施工步骤

墙面找平

● 用垂线法和水平线来检查墙身的垂直度和平整度，误差小于 10mm 时，需重新抹灰浆修正；误差大于 10mm 时，在建筑墙体与木骨架间加木垫来调整。

放样、弹线

● 根据设计图样要求，在墙上画出水平标高线和造型外围轮廓线，并弹出龙骨分格线。

安装木龙骨架

● 固定木龙骨架时，应将骨架立起后靠在建筑墙面上，用垂线法检查木龙骨架的垂直度，并用水平直线法检查木龙骨架的平整度。

安装墙面固定件

● 用冲击钻头在墙面钻孔，钻孔的位置应在弹线的交叉点位置上。
● 在钻出的孔中打入木楔，木楔可刷上桐油防潮，干燥后再打入墙孔内。

固定板材

● 安装构造板时，一定要钉装在龙骨上，才能保证安装的牢固性。
● 构造板安装完成后，将饰面板安装在构造板上，可钉装，可粘贴。

涂饰

● 用腻子将钉眼补平，而后涂刷底漆和面漆。每道漆干后都要用水砂纸打磨，最少要喷涂三道（二底一面）油漆，喷五道（三底两面）效果更好。

注：基层墙面应做好防潮工作，潮湿地区、木龙骨表面涂和粉刷后的墙面，均需涂刷两遍防腐涂料；湿度小的地区，可仅在木龙骨表面涂刷两遍防腐涂料。

施工贴士

● 制作平面造型墙时，木龙骨横竖间距一般不应大于 400mm。
● 制作墙面造型，除可使用木龙骨外，还可使用轻钢龙骨。但轻钢龙骨仅适合制作平面造型墙，带有曲面的造型不适用。
● 在木龙骨架上固定构造板时，可使用 15mm 的枪钉，也可使用铁钉，但使用铁钉时需注意，应将钉头砸扁埋入板内达 1mm 深。

九、桑拿板

① 材料特点

- 桑拿板是经过高温脱脂处理的板材，能耐高温，不易变形；插接式连接，易于安装。
- 桑拿板做吊顶容易沾油污，不经过处理的桑拿板防潮、防火、耐高温性等较差。
- 桑拿板的木质纹理，十分适合乡村风格的家居环境。
- 桑拿板应用广泛，除了应用在桑拿房外，还可以用作卫浴、阳台吊顶；还可以局部使用，如在飘窗中的应用；此外，桑拿板也可以作为墙面的内外墙板。
- 市面上比较好的桑拿板价格为 35 ~ 55 元 /m^2，安装费为 45 ~ 55 元 /m^2。

② 材料常见种类

桑拿板的用途和种类有很多，一般市面上常见的桑拿板有樟子松、红雪松、芬兰松和云杉等类型。如果使用在桑拿房中，红雪松较为合适。室内其他部位的装饰，如电视墙、墙裙等部位，可根据需要的纹理和颜色选择品种。

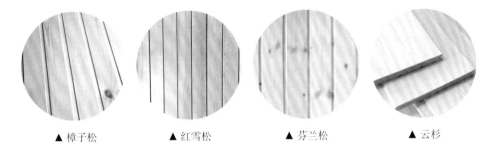

▲ 樟子松　　　　▲ 红雪松　　　　▲ 芬兰松　　　　▲ 云杉

③ 材料的设计与搭配

可装饰顶面和墙面

桑拿板除了可以用来制作桑拿房外，还可用来装饰卫浴间内的墙面、顶面和地面。除此之外，也可以装饰自然类风格家居中客厅、餐厅、卧室等区域的墙面及顶面。在装饰墙面时，其条形结构独有的节奏感和丰富的纹理变化，更适合设计为墙裙。

▶ 儿童房内，使用桑拿板设计墙裙，与自然元素的床搭配充满田园情趣，且与直接碰触墙壁相比，也更具舒适感

④ 材料的施工与运用

桑拿吊顶的施工步骤

放水平线

● 在墙面弹出吊顶的水平基准线，一般安装防腐木时，每根木龙骨的宽度间距为 300 ~ 400mm，但可根据实际情况加以调整和固定。

裁板

● 测量顶面的实际距离，若有需要内嵌安装的设备，需提前确定尺寸。
● 根据顶面和设备尺寸，对桑拿板的多余部分进行切割。

固定桑拿板

● 固定桑拿板时需注意，其铺设方向与木龙骨的铺设方向应为交叉固定。每块桑拿板上面均有公母槽，只需扣紧后使用气排钉固定住即可。

安装木龙骨架

● 顶面打眼，固定木楔，木楔子一般使用落叶松。按照墙面水平线钉装木龙骨。
● 木龙骨可用 4cm×6cm 杉木或防腐木，采用"H"形分布方式施工。

角线封边

● 全部安装完成后，使用角线进行封边，角线使用气排钉加以固定即可。

表面装饰

● 对板与板之间拼接的缝隙进行填缝。选择与防腐木板材相同颜色的填缝材料，将板与板之间的缝隙填满。

施工贴士

● 用桑拿板做吊顶时，水平线应找好，否则容易倾斜。
● 桑拿板刷木蜡油及聚酯漆都能起到防水作用。聚酯漆分为酸性和碱性两种，都会使桑拿板产生色变，令桑拿板的原色加深，要保持桑拿板美丽天然的本色，更建议使用木蜡油。
● 卫浴间的淋浴区和桑拿房内都非常潮湿，使用桑拿板时需做好防腐处理。
● 桑拿板防腐处理应使用专门的防腐液，而不能使用普通的油漆来代替，因为普通油漆难以深入板材内部，且受潮后容易起皮。

十、碳化木

❶ 材料特点

● 碳化木属于环保防腐型材料，用高温去除水分破坏细胞养料，因此不易变形，稳定性高，室内外均可使用，在室内空间中，是装饰卫浴间的理想建材。

● 碳化木的表面带有凹凸的木纹，具有立体的效果。

● 碳化木生产过程中不添加任何有害防腐药剂，也没有任何环境污染问题。

● 碳化木具有防水、防潮、防腐、防蛀、耐磨、耐高温、抗酸碱性等优点。

● 碳化木有薄板、厚板、立柱等多种类型，价格为 20 ~ 120 元 /m。

❷ 材料常见种类

碳化木根据制作方式的不同，可分为表面碳化木和深度碳化木两类。表面碳化木是用氧焊枪将木材烧烤，使木材表面具有一层很薄的碳化层；深度碳化木是将木材经过200 ℃左右的高温碳化技术处理制成。

▲ 表面碳化木　　　　　　　　　　　　▲ 深度碳化木

❸ 材料的设计与搭配

适合用来表现或古朴或素雅的气质

碳化木在室内空间中的使用方式与桑拿板基本相同，最常用来装饰顶面和墙面。但其与桑拿板在装饰效果上存在一些差别，碳化木的色彩以棕色系为主，因此，更具或古朴或素雅的气质，除自然风格类风格外，还可装饰简约、北欧、工业等风格的空间。

▲ 表面碳化木与石膏板结合的顶面，与木质家具搭配，充分彰显出了乡村风格自然、古朴的特点

④ 材料的施工与运用

碳化木墙裙的施工步骤

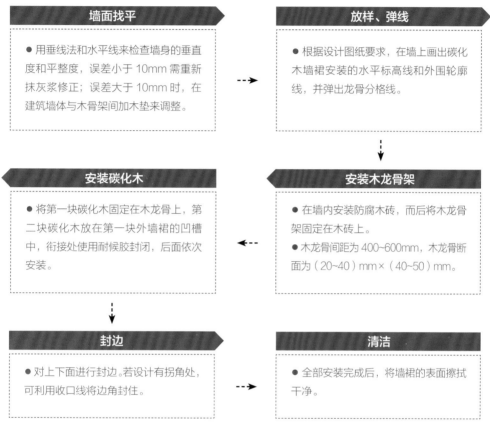

墙面找平

● 用垂线法和水平线来检查墙身的垂直度和平整度，误差小于 10mm 需重新抹灰浆修正；误差大于 10mm 时，在建筑墙体与木骨架间加木垫来调整。

放样、弹线

● 根据设计图纸要求，在墙上画出碳化木墙裙安装的水平标高线和外围轮廓线，并弹出龙骨分格线。

安装碳化木

● 将第一块碳化木固定在木龙骨上，第二块碳化木放在第一块外墙裙的凹槽中，衔接处使用耐候胶封闭，后面依次安装。

安装木龙骨架

● 在墙内安装防腐木砖，而后将木龙骨架固定在木砖上。
● 木龙骨间距为 400~600mm，木龙骨断面为（20~40）mm×（40~50）mm。

封边

● 对上下面进行封边。若设计有拐角处，可利用收口线将边角封住。

清洁

● 全部安装完成后，将墙裙的表面擦拭干净。

注：若在潮湿地区，施工前，需对墙面和龙骨进行防潮处理。

施工贴士

● 碳化木与未处理的木材相比，握钉力有下降，所以推荐使用先打孔再钉孔安装的方式施工，可减少和避免木材开裂。

● 碳化木安装在阳台等阳光充足的房间及室外时，建议采用防紫外线木油，以防天长日久后木材褪色。

● 施工时，应尽量使用碳化木现有的尺寸，减少切割；在钻孔和切割处，必需使用 CCA 防腐剂进行修补，以免影响其防腐效果。

● 如需进一步保护碳化木，可以在其干燥后，在表面涂刷三遍左右的木器漆。

第二节
石材

一、大理石

① 材料特点

- 大理石具有花纹品种繁多、色泽鲜艳、石质细腻、吸水率低、耐磨性好的优点。
- 大理石属于天然石材，容易吃色，若保养不当，易有吐黄、白华等现象。
- 大理石具有很特别的纹理，在营造效果方面作用突出，特别适合现代风格、新中式风格和欧式风格。
- 大理石多用于墙面、地面、吧台、洗漱台面及造型面等；因为大理石的表面比较光滑，不建议大面积用于卫浴地面，容易让人摔倒。
- 大理石的价格为 150 ~ 500 元 /m²，品相好的大理石可以令家居变身为豪宅。

② 材料常见种类

类别		特点	价格（元 / m²）
金线米黄		底色为米黄色，带有自然的金线纹路，装饰效果出众，耐久性差些，做地面时间长了容易变色，建议用作墙面，施工宜用白水泥	140 ~ 260
黑白根		黑色致密结构大理石，带有白色筋络，光度好，墙面、地面、台面等均可使用	150 ~ 320
啡网纹		分为深色、浅色、金色等几种，纹理强烈、明显，具有复古感，可用于门套、墙面、地面、台面等处的装饰	220 ~ 300

类别		特点	价格（元/m²）
紫罗红		大片紫红色块之间夹杂着或纯白或翠绿的线条，形似国画中的梅枝，装饰效果高雅、气派。可做门套、窗套、地面、梯步等处	440～600
爵士白		颜色肃静，纹理独特，更有特殊的山水纹路，有着良好的装饰性能。可用作墙面、地面、门套、台面等处	200～300
黑金花		深啡色底带有金色花朵，有较高的抗压强度和良好的物理性能。可用于墙面、地面、门套、壁炉等处的装饰	200～320
大花绿		板面呈深绿色，有白色条纹，坚实、耐风化、色彩对比鲜明。可用于墙面、地面、台面等处	300～400
波斯灰		色调柔和雅致、华贵大方，极具古典美与高贵气质，抛光后晶莹剔透。可用于墙面、地面、台面等处	400～500
银白龙		黑白分明，形态优美，高雅华贵，花纹具有层次感和艺术感，有极高的欣赏价值。可用于墙面、地面、台面及门窗套等处的装饰	300～450

❸ 材料的设计与搭配

（1）可结合室内风格选择适合的类型

大理石的色彩、纹理多样，设计时可结合风格进行选择。如现代风格和简约风格可选择无色系的石材，来凸显时尚、简洁的特点；欧式风格可选择米黄色系，来彰显奢华、大气的气质。

▲ 简约风格的居室内，选择灰色石材装饰背景墙和地面，丰富的纹理变化和低调的色彩，充分体现出了"简约而不简单"的内涵

（2）设计背景墙可选纹理独特的大理石

若墙面的造型设计比较简洁并采用大理石为背景墙主体时，可选择纹理比较独特的大理石做装饰，这样，不仅可使背景墙的主体地位更突出，同时还可塑造出个性而大气的效果。

▲ 精心挑选的大理石背景墙，独特纹理犹如一幅抽象画，搭配简洁的造型，给人时尚而大气的感觉

❹ 材料的施工与运用

大理石墙面湿贴法施工步骤

石材钻孔

● 安装前用台钻在每块石板上分别钻 4 个孔，孔位一般定位在距离板材两端 1/4~1/3 处。石板较大时可以增加孔数。

剔槽

● 钻孔后用金刚石錾子把石板背面的孔壁轻轻剔一道槽，槽深 5mm 左右，连同孔眼形成牛鼻眼。

绑扎钢筋网

● 剔出预埋在墙内的钢筋头，焊接或绑扎钢筋网片。先焊接竖向钢筋，再焊接横向钢筋。

放绑扎丝

● 金属丝一端从板后的槽孔穿入孔内，铜丝打回头后用胶粘剂固定牢固，另一端从板后的槽孔穿出，弯曲卧入槽内。

试拼、弹线

● 对石材进行预排，而后进行编号，按照编号码放。

● 找出垂直，在地面弹出石材安装的外轮廓线，此为第一层石材安装的基准线。

安装固定

● 安装时，右手深入石板背面，把石板上下口分别捆扎在钢筋网的横筋上，边捆扎边扎平。

● 在石材与墙面之间，分三次灌入砂浆。干透后，进行擦缝处理。

注：湿贴法适合边长大于 400mm、厚度大于 20mm、镶贴高度大于 1m 的石材；当镶贴高度超过 2m 或石材版面分格较大时，适合采取干挂法进行安装，干挂施工法与玉石干挂法相同，可参考该部分内容；当石材的边长小于 400mm、厚度小于 20mm 时，可用直接粘贴法镶贴，可参考洞石部分的施工步骤。

施工贴士

● 在施工前，需要对大理石以涂刷、浸泡等方式将防护剂涂布在表面，进行防护。最佳方式为六面防护，也可只处理 5 个面，或者只处理表面。可根据经济情况及计划使用的时间长短来选择具体的防护方式。

● 施工前应将混凝土墙面的灰尘清理干净，平整墙面后，对其表面进行 5~15mm 的凿毛处理，然后浇水冲洗，干燥后再开始施工。

二、玉石

❶ 材料特点

- 玉石是指自然界中色彩美观、质地细腻坚韧、色泽典雅，有一定透光度的岩石。
- 玉石在室内设计中有较多的应用并不断在创新，现已成为建筑石材中的一个大的类别。
- 玉石适用于墙面、地面、洗手台、屏风、电视背景墙等部位的装饰。
- 玉石为天然矿物，其纹理丰富，效果美观而独一无二，具有独特的表现力。
- 通过计算机设计加工，玉石纹理可进行完美拼接，形成壮观的画面。
- 玉石具有良好的透光性，还可将其加工成薄片，与灯光组合使用。
- 玉石根据种类的不同，价格为 1000 ～ 3000 元 $/m^2$。

❷ 材料常见种类

玉石的纹理和颜色千变万化，有黄色、绿色、咖啡色、蓝色、红色等。较为常用的玉石有黄色烟玉、竹节玉、绿玉、英伦玉、玉凤凰及红龙玉等。

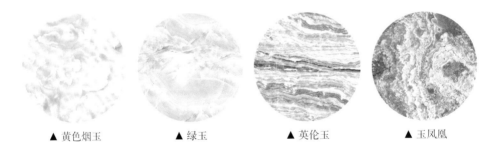

▲ 黄色烟玉　　　　▲ 绿玉　　　　　▲ 英伦玉　　　　　▲ 玉凤凰

❸ 材料的设计与搭配

玉石可提升室内的奢华感

玉石具有莹润的质感和独特的纹理，且产量稀少、价格高昂，用它来装饰居室，能够提升室内的奢华感，并具有升值价值。需注意的是，玉石纹理比大理石夸张一些，更适合宽敞一些的空间，窄小的空间用玉石彰显不出它的气势，还会使空间更显拥挤。

▲ 背景墙使用玉石做装饰，提升了室内空间的奢华感和高级感

④ 材料的施工与运用

玉石墙面干挂法施工步骤

放线

● 严格根据设计意图及立面图纸排版放线，放线之后应用红漆喷射三角标记防止放线痕迹脱落。

安装固定件

● 剪力墙可以用膨胀螺栓加预埋铁固定立杆，加气混凝土砌块必须用穿墙螺栓固定立杆。

横杆固定

● 室内钢架的横杆多为5号角钢，其间距为石材的大小。
● 横杆通过焊接与立杆进行连接，在焊接前，需对角钢进行开孔，为后期固定干挂件做好准备。

立杆安装

● 直接依据放线的位置对立杆进行安装，立杆一般是从底部开始，然后逐级向上推移进行。
● 立杆间距以1000mm为宜，最大不能大于1200mm。

干挂件安装

● 钢架基层完成后，根据玉石的排版图，开始安装干挂件，一般干挂件中心距玉石板边不得小于100mm。

石板安装

● 玉石板上下两边各开两个槽，槽长为100mm左右，深度小于25mm。
● 槽内填满胶粘剂，将石材固定到干挂件上，调平。
● 干挂完成后，对玉石板进行密封。

注：玉石除可以干挂施工外，还可用石材胶粘贴法施工，若石材板块及粘贴面积均较小且无背光设计时，可采取胶粘法。

施工贴士

● 干挂施工之前，应出具对应的玉石排版图、钢架排版图以及玉石大样详图；并在开始施工前，根据玉石材排版图的编号，对玉石进行分区域放置。
● 玉石板后方若设计光源，使之形成透光效果，在设计干挂骨架时应注意，玉石板的中间部位不能有骨架，应设计在玉石板的上下方，否则在灯光下，会透出骨架结构，影响装饰效果。

三、人造石

① 材料特点

- 人造石材功能多样、颜色丰富、造型百变，应用范围更广泛；没有天然石材表层的细微小孔，因此不易残留灰尘。
- 人造石由于为人工制造，因此纹路不如天然石材自然，也不适合用于户外。
- 人造石材常常被用于台面装饰，但由于人造石材的硬度比大理石略硬，因此也很适合用于地面铺装及墙面装饰。
- 玉石根据种类的不同，价格为 270 ~ 500 元 /m² 。

② 材料常见种类

人造石根据表面纹理的不同，可分为极细颗粒纹理、细颗粒纹理、适中颗粒纹理、大颗粒纹理及仿天然大理石纹理等类型。

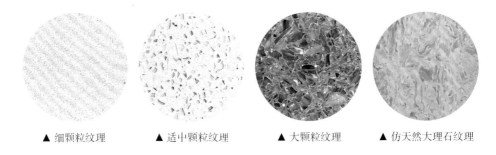

▲ 细颗粒纹理　　　　▲ 适中颗粒纹理　　　　▲ 大颗粒纹理　　　　▲ 仿天然大理石纹理

③ 材料的设计与搭配

设计时，可充分利用人造石的抗污性

人造石在家居中可装饰墙面，但是它的纹理装饰性不如天然石材和瓷砖，却对酱油、食用油、醋等基本不着色或轻微着色，且使用一段时间后可以打磨方式使其焕然一新，所以设计时，可充分利用这一特点，用来制作厨房、卫浴间及室内其他空间内的台面。

▲ 厨房中使用人造石台面，当使用一段时间后，可以打磨翻新，方便且经济

④ 材料的施工与运用

人造石台面的施工步骤

修边
● 人造石台面通常会在工厂完成开料的过程。 ● 人造石台面到达施工现场后,先核对尺寸,而后对边角部分进行修整。

- - →

粘结台面
● 将专用的胶水调和均匀,加入适量固化剂。而后涂抹在需要粘结的面上,用夹具夹紧。夏季粘接台面一般需要半个小时,冬季需要 1~1.5 个小时。

抛光
● 打磨完成后,表面涂一层蜡,而后用羊毛抛光棉进行抛光。

← - -

打磨
● 人造石台面粘贴完成后,用角磨机大体地修整好后,需用打磨机对其进行打磨抛光。

安装台面
● 调整柜体平整度,安装垫板,将人造石台面放在垫板上,进行粘接。 ● 现场粘结粘接处容易不牢固,因此应对其进行加固。

- - →

打磨、清扫
● 安装完成后,再次对人造石台面表面进行打磨和抛光,直至达到满意的效果为止。 ● 完工后,清扫现场。

施工贴士

● 在设计台面转角时,应充分考虑应力集中造成台面转角处开裂,因此在加工时应做到所有转角处保持半径为 25mm 以上的圆弧角。

● 在选取台面接驳位置时,必须充分考虑板材的受力作用,避免在转角或炉口位接驳。

● 人造石吸水率低,做墙地砖使用时,采用传统水泥砂浆粘贴若处理不当,容易出现水斑、变色等问题,因此,建议使用专业的人造石粘贴剂施工。

● 若将人造石作为地砖使用,在铺设时需要注意留缝,缝隙的宽度至少要达到 2mm,为材料的热胀冷缩预留空间,避免起鼓、变形。

四、文化石

① 材料特点

- 文化石具有防滑性好、色彩丰富、质地轻、经久耐用、绿色环保等优点。
- 文化石的表面较粗糙、不耐脏、不容易清洁。
- 文化石可以体现出居住者崇尚自然、回归自然的文化理念。
- 由于文化石表面粗糙，有创伤风险，如果家里有幼童，不建议大量使用。
- 文化石常用于电视背景墙、玄关、壁炉、阳台等的点缀装饰，不宜用于卫浴。
- 文化石的价格依种类不同而略有差异，一般为 180 ～ 300 元 /m^2。

② 材料种类

现在用的文化石多为人造石，形态非常多，可分为仿砖石、莱姆石、乱片石和鹅卵石等，基本上在自然界中能见到的石材都能够找到，适合各种风格的居室，能够完美地塑造自然感。

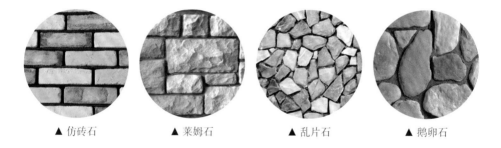

▲ 仿砖石　　　　▲ 莱姆石　　　　▲ 乱片石　　　　▲ 鹅卵石

③ 材料的设计与搭配

室内不宜大面积铺贴

文化石在室内不适宜大面积使用，一般来说，其墙面使用面积不宜超过其所在空间墙面的三分之一，且居室中不宜多次出现文化石墙面，可作为重点装饰在所有墙面中的一面墙中使用。

▶ 餐厅背景墙用文化石做装饰，搭配做旧质感的木质家具和木质梁，简单但乡村韵味浓郁，文化石恰当的使用比例使人感觉非常舒适

④ 材料的施工与运用

文化石的施工步骤

处理基层
● 将基层处理干净并做成粗糙面，如果基层为塑料或木质等低吸水性光滑面，应加铺铁丝网，做出粗糙底面，充分保养后再铺贴。

弹线、试排
● 根据设计图纸，在施工面上弹出粘贴文化石的轮廓线。 ● 铺贴前需将岩石在平地上排列搭配出最佳效果。

粘贴文化石
● 粘贴顺序为由外向内、由下向上，有转角先贴转角，再向内贴平石片。 ● 粘贴时要充分按压，使石片周围可看见黏接剂挤出。

涂抹黏接剂
● 除仿砖石底部可涂布薄层黏接剂外，其余款式涂抹黏接剂时需使其在石片底部中央堆成山形状。

调整、填缝
● 遇到不规则形状时，可对石片进行切割，来调整铺贴效果。 ● 填缝可用塑料袋装填涂料来操作，缝隙越深立体效果越好。

清洁
● 填缝剂初凝后，将多余的填料除去，用蘸水的毛刷清理缝隙。 ● 若所铺设区域有阳光直射，待完全干燥后，可喷涂防护剂进行防护处理。

施工贴士

● 文化石在铺贴时一定要保持水平一致，尤其是密贴法。验收时可使用水平仪来判断是否有歪斜，建议每施工一排就测量一次，以免误差越来越大。

●在开始铺贴前，需将文化石充分浸湿后再进行铺贴。

●黏接剂可选 42.5 号以上的白水泥、普通水泥（水泥：砂：801 胶水的比例为 1：2：0.05 调和）或陶瓷黏接剂等。

●除砖石外，其余款式的水平向通缝不应超过 80cm，竖向通缝不应大于 30cm。

五、洞石

① 材料特点

- 洞石具有纹理清晰、质地细密、硬度小等特性，加工适应性高，隔声性和隔热性好，可深加工，容易雕刻。
- 洞石因为表面有孔，因此容易脏污；自然程度比不上天然石材。
- 洞石的颜色丰富，有良好的装饰性，因此适合各种家居风格。
- 洞石多用在居家空间中的客厅、餐厅、书房、卧室，以及电视背景墙。
- 洞石的价格依产地不同，为 280 ～ 520 元 /m^2。

② 材料常见种类

洞石大多在河流或湖泊、池塘里快速沉积而成，快速的沉积使有机物和气体不能释放，从而出现美丽的纹理，常见的洞石有咖啡色洞石、红洞石、白洞石及米黄洞石等。

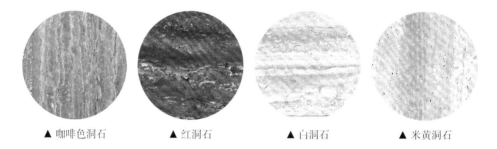

▲ 咖啡色洞石　　　▲ 红洞石　　　▲ 白洞石　　　▲ 米黄洞石

③ 材料的设计与搭配

洞石是装饰墙面的绝佳材料

若用洞石装饰墙面，其表面渐色凹凸的纹理十分具有特色，而其本身又具有孔洞，能呈现出自然纹理与视觉层次感。如果墙面的颜色与洞石本身颜色不协调，也可以重新上漆处理，不但自然味道不减，也可统一家居色调与风格。另外，每片洞石还可以依设计切割尺寸，因此可以对纹或不对纹进行拼贴，塑造出不同的家居风格。

▲ 利用纹理强烈的洞石与黑镜组合设计背景墙，具有极强的视觉张力

④ 材料的施工与运用

洞石直接粘贴法的施工步骤

处理基层

● 按设计排版图在地面、墙面上分别弹出底层石材位置线和墙面石材的分格线，在两侧墙面上弹出石材完成面线。

涂胶

● 将胶粘剂混合均匀。每块洞石的四个角各一点，中间加一点或多点，每个粘接点的面积不小于 $10cm^2$，厚度为 6 ～ 10mm。

找水平及垂直

● 根据通常水平线用靠尺板找垂直，水平尺找平整；同时用手掌拍击或用小号橡胶锤敲击涂胶的粘贴点位。

粘贴

● 按弹好的安装位置线自下而上将石板上墙就位（有纹理的注意对纹）；墙面先贴两端，之后拉通线贴中间。

补胶

● 石板定位固定后，对粘合点的粘结情况进行检查，如底边有的点与墙面未粘贴好或离空，应取下调整或补充胶堆厚度后重新粘贴。

嵌缝、清洁

● 全部石板安装完成 24 小时后，沿板缝两侧粘贴美纹纸，嵌入密封胶。
● 密封胶凝固后揭去美纹纸，全面清理板面。

施工贴士

● 由于天然洞石的吸水率高，在施工前最好先在其表面涂抹防护剂，以免污染或刮伤。

● 在施工时，需先留出伸缩缝，一般至少要留出 2.5 ～ 3mm 的伸缩缝。

● 使用洞石前，应该首先确认洞石的平整度，以及四边是否有翘起，若有翘起，在施工时则不易贴合。

● 粘贴洞石不建议使用传统的水泥砂浆，表面容易被污染，更建议使用专用的胶粘剂粘贴。

六、砂岩

❶ 材料特点

- 砂岩具有无污染、无辐射、不风化、不变色、吸热、保温、防滑等优点。
- 砂岩因其表面具有凹凸纹路，因此较易附着脏污。
- 砂岩用于室内装饰，适合很多风格。例如居室为东南亚风格，则可采用砂岩佛像或大象摆件，来增强风格特征。
- 砂岩可用于室内墙面、地面的装饰，也可用于雕刻。砂岩雕刻是应用比较广泛的室内装饰形式。
- 砂岩的价格以是否添加 Epoxy（环氧树脂）而有所不同：添加 Epoxy 的砂岩为 300 ~ 600 元 /m^2，未添加 Epoxy 的砂岩为 200 ~ 300 元 /m^2。

❷ 材料常见种类

砂岩主要含硅、钙、黏土和氧化铁等物质，通常呈淡褐色或红色，也有绿色、灰色、白色、玄色、紫色、黄色、青色等颜色。

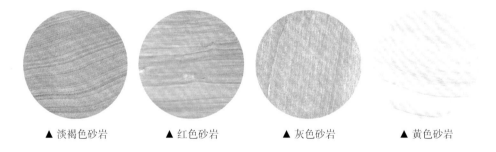

▲ 淡褐色砂岩　　　　▲ 红色砂岩　　　　▲ 灰色砂岩　　　　▲ 黄色砂岩

❸ 材料的设计与搭配

（1）多变的砂岩成就经典设计

砂岩高贵典雅的气质、天然环保的特性成就了许多经典设计。比如，可以用于点缀局部空间，如电视背景墙，用量不用很多，就可以凸显出独特的风格。如果觉得原色砂岩有些单调，也可以选择在其表面贴加金银箔或者上色，将会有别样风情。

▲ 利用灰色系的砂岩组合硬包造型设计电视背景墙，呈现出了独特的风貌

（2）利用砂岩的纹理可丰富层次感

砂岩与其他的天然石材不同的是，它的纹理为层叠式的条状，很强的韵律感中蕴含着规则性，虽然具有角度的变化却并不会打乱节奏，因此，选择砂岩装饰墙面，即使采用简单的造型，也会具有丰富的层次感。

▲ 电视墙虽然仅使用了米黄色的砂岩做装饰，其极具特点的纹理，使墙面简洁、利落而又层次丰富

施工贴士

● 砂岩干挂时，是通过胶和铁件的共同作用连接在墙面上的，所以无论基层是混凝土还是砂浆面层，表面必须平整，不得有起砂现象，若为毛面安装效果更佳。

● 砂岩干挂时，如果基层墙面为空心砖砌筑，必须改为实心砖，或者将空心砖的孔洞用砂浆灌实，以保证膨胀螺丝的牢固性。

● 对于大面镶贴的砂岩板墙面，要进行二次深化设计，尽量避免小块板的出现，以期得到最好的效果和节约板材。

● 施工前，应用比色法对石材的颜色进行分类，镶贴在同一面墙上的砂岩颜色应趋于一致。

● 镶贴砂岩板用的胶必须按照使用说明进行配置。

注：砂岩可干挂、湿贴，也可直接粘贴，施工步骤可参考大理石、玉石及洞石部分的内容。

七、板岩

① 材料特点

- 板岩不易风化、耐火耐寒，不需要特别的护理，且防滑性能出众。
- 板岩的厚度为 1.2 ～ 1.5cm，每片厚度均有所差异，铺设地板时，会产生高低落差，无法像瓷砖一样平整。因此如果家中有老人和孩子，则不建议作为地面材料铺设。
- 板岩多用在居家空间中的客厅、餐厅、书房、卫浴和阳台。
- 板岩的细孔不仅吸收水气，还会吸油，所以厨房中不适合使用板岩，一定要用的话可以选择黑色的款式，平时勤用清水清洁。
- 不同类别的板岩价格差别并不大，一般为 100 元 /m^2。

② 材料常见种类

常用的板岩有啡窿石、印度秋、绿板岩、黑板岩、挪威森林、加利福尼亚金等，它们的纹理和色泽不同，但都略带点灰色调。

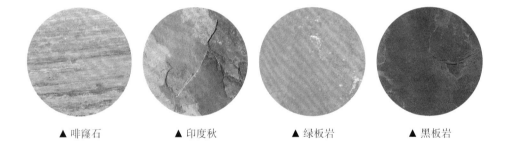

▲ 啡窿石　　　　▲ 印度秋　　　　▲ 绿板岩　　　　▲ 黑板岩

③ 材料的设计与搭配

根据室内风格选择适合的色彩

板岩因为含矿物质的不同形成了不同的色彩，主要以复合灰为主，如灰黄、灰红、灰黑、灰绿等，共计可达 256 种集合颜色。在选择色彩时，可结合室内风格进行，选择其代表色，如现代风格或简约风格居室中，可选择黑色或灰色系的板岩。

▲ 灰色系板岩丰富的纹理和色彩变化，充分地彰显出了简约风格"少即是多"的内涵

④ 材料的施工与运用

板岩的施工步骤

基层处理

● 基层处理应铲平、凿毛、清浮灰，对不平整垂直的墙面应用1：2.5的水泥砂浆批刮并凿毛。

弹线

● 在墙面基层上弹出垂直和水平基准线，镶贴时基层应浇水湿润。

粘贴

● 镶贴时水平方向第一排石板的下线必须沿水平基准线镶贴。第二排墙砖镶贴完后，在两排石板接缝线上拉通线检查拼缝平直度及表面平整度，并即时矫正。

涂黏着材料

● 用齿形刮板将胶浆抹于工作面之上，使之均匀分布，并成一条条齿状。每次涂布约1m² 左右，然后在晾置时间内将石板揉压于墙基层上。

晾干

● 铺贴完成后，须待胶浆完全干固后（约24h），才可进行下一步的填缝工序。

擦缝

● 用清水将石板冲洗干净，并用棉丝擦净。用长毛刷蘸粥状嵌缝胶涂缝，用布将缝子的素浆擦匀，砖面擦净。

施工贴士

　　● 板岩用于铺砌墙面时，要注意保持水平从底部开始砌起，在堆砌时要小心放置，灰浆未凝固前不要碰到石材，每次堆砌的高度，以不超过3m 为佳。同时上下两层石片最好交错放置，避免出现垂直缝隙。

　　● 板岩为天然产品，镶贴完成后，若不磨平，表面不会如瓷砖一般平整。

　　● 在板岩施工时一般使用浓稠度适中的灰浆作为黏接材料，若是贴在木板等光滑的立面，则最好使用专用的黏接剂或AB胶，以增加附着力。

　　● 板岩的硬度介于花岗岩和大理石之间，可现场切割使用，但要注意衔接界面是否契合。

第三节
涂料

一、乳胶漆

❶ 材料特点

● 乳胶漆具有无污染、无毒、无火灾隐患，易于涂刷、干燥迅速，漆膜耐水、耐擦洗性好等特性。

● 乳胶漆的色彩明快而柔和，表面平整无光，颜色附着力强。

● 乳胶漆在 25℃时，20 分钟左右就可以完全干燥，一天可以涂刷 2 ~ 3 道。

● 乳胶漆的缺点为涂刷前期作业较费时费工。

● 乳胶漆的色彩可以进行调和，适合各种家居风格。

● 乳胶漆的价格差异不大，市面上的价格大致是 35 ~ 80 元 $/m^2$。

❷ 材料常见种类

乳胶漆根据作用的不同，可分为抗甲醛乳胶漆、抗菌乳胶漆、抗污乳胶漆、防水乳胶漆、通用乳胶漆等类型；根据涂刷效果的不同可分为亚光漆、高光漆、丝光漆和有光漆等。

❸ 材料的设计与搭配

利用乳胶漆可轻易展现居室风格

室内装饰中，乳胶漆可谓是最常用到的材料，无论何种风格的居室都可以利用乳胶漆轻易展现出其特征。例如，现代风格的居室常采用灰、白、米黄和浅棕等色彩的乳胶漆，还常用高彩度的乳胶漆涂刷墙面来增添时尚感；而简约风格的居室，黑白灰三色的乳胶漆是最为常用的；北欧风格的空间中，常用低彩度、高明度的乳胶漆整体丰富层次。

▲ 现代风的客厅内，侧墙面选择比较明亮的粉色涂刷，与背景墙处的灰色形成了鲜明的对比，显得活泼又时尚

④ 材料的施工与运用

乳胶漆的施工步骤

基层处理

- 基层处理分两种情况：新房只需要用粗砂纸打磨，不需要把原漆层铲除；老房需将漆层和整个批荡铲除，直至见到水泥批荡或者砖层。

刮腻子

- 第一遍腻子应用胶皮刮板满刮，要求横向刮抹平整、均匀、光滑，密实平整，线角及边棱整齐为度。
- 第二遍腻子的方向应与前一次垂直。

底层涂料

- 施工应在干燥、清洁、牢固的基层表面上进行，喷涂一遍，涂层需均匀，不得漏涂。

打磨

- 腻子干透后，用300W太阳灯侧照墙面或顶棚面用粗砂纸打磨平整，最后用细砂纸打磨平整光滑为准。

中层涂料

- 涂刷第一遍中层涂料前，如发现墙面有不平之处，应用腻子补平磨光。
- 第一遍中层涂料完成并干燥后，用砂纸磨光，再涂刷第二遍，无须再打磨。

面漆施工

- 以适合的方式涂刷面漆，如刷涂、辊涂或喷涂均可。
- 全部涂刷完成并干燥后，将现场清理干净。

施工贴士

- 乳胶漆涂刷完成后，表面颜色应一致，并无透底、漏刷、咬色等质量缺陷。
- 用手触摸，乳胶漆涂刷后应手感平整、光滑，无挡手感和无明显颗粒感。
- 使用抗碱底漆可以避免出现起泡、坠落等返碱问题。
- 施工时应注意，无论是刮腻子还是刷漆，都应在每一遍干透后，再进行下一遍。
- 乳胶漆加水调和时，一定要按照说明书的要求添加，不能添加过多，否则容易出现透底等问题。

二、质感涂料

① 材料特点

- 质感涂料无毒、环保，同时还具备防水、防尘、阻燃等功能。
- 优质的质感涂料可洗刷、耐摩擦，色彩历久常新。
- 质感涂料对施工人员作业水平要求严格，需要较高的技术含量。
- 质感涂料的种类较多，适合多种家居风格。
- 质感涂料图案精美、色彩丰富，有很强的层次感和立体感，且颜色可任意调配，图案或纹理可自行设计。
- 质感涂料在正常情况下不起皮、不开裂、不变黄、不褪色，可使用 10 年以上。

② 材料常见种类

类别		特点	价格（元/m²）
威尼斯灰泥		一种混合浆状涂料，通过各类批刮工具在墙面上批刮操作，可产生各类纹理。艺术效果明显，质地和手感滑润	40 ~ 60
板岩漆		色彩鲜明，通过艺术施工的手法，可呈现出各类自然板岩的质感，同时又具有保温、降噪的特性	35 ~ 70
砂岩漆		可以创造出各种砂岩的纹理和质感，耐候性佳，密着性强，耐腐浊、易清洗、防水	35 ~ 70
裂纹漆		纹理犹如裂纹，花色众多。纹理变化多端，错落有致，具艺术立体美感	40 ~ 90

类别		特点	价格（元/m²）
肌理漆		具有一定的肌理性，花型自然、随意，适合不同场合的要求，异形施工更具优势，可配合设计做出特殊造型与花纹、花色	35～75
金属漆		具有金箔闪闪发光的效果，给人一种金碧辉煌的感觉。效果高贵典雅、施工方便、装饰性极强	50～90
云丝漆		是通过专用喷枪和特别技法，使墙面产生点状、丝状和纹理图案的仿金属水性涂料。质感华丽，具有丝缎般的效果	40～85
风洞石系列		纹理神似天然石材，韵律感极强，每一块砖上洞的大小、形状均不一样，层次清晰且富有韵味，且具有极强的整体感	45～90
幻影漆		能使墙面变得如影如幻，能装饰出上千种不同色彩、不同风格的变幻图案效果	40～85
浮雕漆		是一种立体质感逼真的彩色墙面涂料，具有独特立体的装饰效果，涂层坚硬，阻燃、隔声、防霉	60～120

③ 材料的设计与搭配

（1）质感涂料的用途

质感涂料可用于家居装饰设计中的主要景观处，例如门庭、玄关、电视背景墙、廊柱、吧台、吊顶等，可以装饰出个性且高雅的效果，其适中的价位又符合不同档次装修的需求。

◀ 用幻影漆涂刷墙面，为美式风格的卧室增添了个性感和艺术气质

（2）可结合室内风格和面积选择适合的类型

选择质感涂料时，可结合家居风格和房间的面积来综合考虑，如乡村风格的小面积空间，适合选择具有原始感的低调纹理类型，如肌理漆；而现代风格的大空间，除了可以选择低调纹理的款式外，还可选择一些夸张纹理的涂料，如板岩漆、裂纹漆等。

◀ 乡村风格的卧室中，选择大地色系的肌理漆设计墙面，彰显出乡村风格淳朴的特征

④ 材料的施工与运用

质感涂料的施工步骤

基层处理

● 毛坯的基层或者已经做好 1 道腻子层的基层，要求基层必须平整坚固。不得有粉化、起砂、空鼓、脱落等现象。

刮腻子

● 基层不平和坑洼面应该用腻子刮平。
● 按照做高档内墙漆的标准做好墙面的腻子底，注意应选用高品质的内墙腻子。

涂刷涂料

● 将调好的涂料，用辊刷辊涂到墙面上，辊涂次数可视情况而定，将基底完全覆盖或达到效果要求为止。

调和涂料

● 按照使用说明将涂料调和均匀，尤其是带有色浆的涂料，一定要搅拌充分，避免上色不均匀。

制作图案或纹理

● 用相应的工具，在涂料基底上制作出所需的图案或纹理。注意每个图案之间要尽量不重叠，每个角度要尽可能错开方向。

打磨、上色或上蜡

● 部分质感涂料在涂刷完成后，需要进行打磨。
● 部分质感涂料，在涂刷完成后，需要上色或上蜡。

注：在涂刷涂料时，除辊涂外，还可选择刷涂或喷涂，具体方式可根据涂料的特点和涂刷效果来决定。

施工贴士

● 质感涂料施工技术，可以用任何工具，比如：锯齿灰刀、幻彩手套、各种灰刀、万能刷、木纹器、艺术刷等，甚至可以用身边的很多东西，如扫把、鞋刷、杯子等，做出想要的图案或纹理。

● 施工前用仪器测量，基层的含水量应小于 10%、pH 值应小于 10 ，若大于此数值，应等基层干燥或碱性物质彻底从基层内渗出后方可涂装。

● 质感涂料上色基本上分两种，加色和减色，加色即上了一种色之后再上另外一种或几种颜色；减色即上了漆之后，用工具把漆有意识地去掉一部分，呈现自己想要的效果，可根据需要选择。

三、硅藻泥

① 材料特点

- 硅藻泥是一种以硅藻土为主要原材料的内墙环保装饰材料，具有消除甲醛、净化空气、调节湿度、释放负氧离子、防火阻燃、墙面自洁、杀菌除臭等功能，是替代壁纸和乳胶漆的新一代室内装饰材料。
- 硅藻泥图案美观，色彩丰富，印花样式多，尤其适用于简约、乡村和东南亚等风格的居室。
- 在室内外的墙面、吊顶等地方都可以使用硅藻泥，尤其适用于卧室中。
- 硅藻泥根据花样和成分不同，价格差异较大，为 300 ~ 600 元 /m^2。

② 材料常见种类

硅藻泥根据原料颗粒粗细及添加物的不同，可分为稻草泥、膏状泥、原色泥和金粉泥等类型。

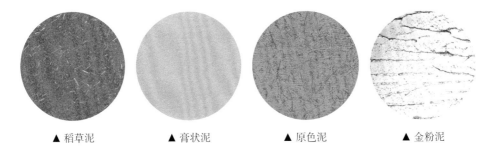

▲ 稻草泥　　　　　▲ 膏状泥　　　　　▲ 原色泥　　　　　▲ 金粉泥

③ 材料的设计与搭配

纹理设计可充分发挥创意

硅藻泥的一大特点就是其纹理的多样性，在进行设计时，可以充分发挥创意，除了可以利用较为常规的刮板、刮刀外，甚至可以使用扫帚、海绵、印章等设计纹理。

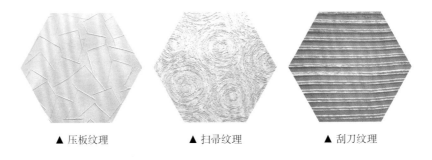

▲ 压板纹理　　　　　▲ 扫帚纹理　　　　　▲ 刮刀纹理

④ 材料的施工与运用

硅藻泥的施工步骤

基层处理

- 毛坯墙如果墙体情况较差，需铲掉后重新上腻子；如果墙体开裂，要铲掉表面，然后做网格，再上腻子。
- 若墙面为石膏板、胶合板等轻体墙，需粘贴一层无纺布或网格布，再刮腻子。

刮腻子

- 基层处理完成后，按照乳胶漆刮腻子的方法，在基层满刮腻子两遍，每次完工后，均需用水平尺测量平整度，若不平整应打磨至合格水平为止，否则会影响涂刷效果。

涂刷封闭底漆

- 在刮好腻子的墙面上，涂刷一层封闭底漆，要求涂刷均匀。如果第 2 步使用耐水腻子，此步骤可以省略。

材料调和

- 硅藻泥分为干粉料、细沙肌理料和粗砂刮砂料。
- 根据施工肌理加水搅拌均匀。

刷涂料

- 涂料涂刷的第一遍不能抹得太薄或太厚，不露出基层即可。
- 第二遍涂料可根据制作肌理的类型，决定涂刷的薄厚。

制作图案、收光

- 根据设计要求，用相应的工具制作图案或肌理。
- 图案或肌理制作完成后，即可进行收光处理。

施工贴士

- 硅藻泥涂刷完成后，表面颜色应均匀一致，无施工痕迹，无裂缝、气泡或起鼓的现象。
- 用手触摸硅藻泥表面，手感应松软且偏暖，不能有过于干硬和潮湿的感觉，不可有阴湿感。
- 硅藻泥完全干燥一般需要 48 小时，在 48 小时内不要触动。
- 硅藻泥的涂刷厚度通常为 2 ～ 4mm，完工后检查墙面是否确实涂刷完成，尤其是墙面边角处。

四、马来漆

① 材料特点

- 马来漆是通过各类批刮工具在墙面上批刮操作，产生各类纹理的一种涂料，其纹理图案类似马蹄印造型因此被命名为"马来漆"。
- 马来漆的漆面光洁有石质效果，质地和手感滑润，是新兴的墙面艺术漆的代表。
- 马来漆的色彩浓淡相宜，可在表面加入金银批染工艺，渲染出华丽的效果。
- 马来漆的漆膜具有超高的强度和硬度，不褪色、不起皮，耐酸、耐碱、耐擦洗。
- 马来漆根据工法和原料的不同，价格为 100 ~ 500 元 /m^2。

② 材料常见种类

马来漆根据色彩和纹路的不同，常见的有单色、复色、大刀纹、叠影纹和金银纹等多种类型。

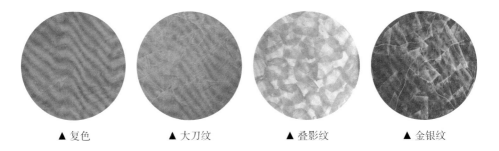

▲ 复色   ▲ 大刀纹   ▲ 叠影纹   ▲ 金银纹

③ 材料的设计与搭配

马来漆搭配素净材质可互相衬托

马来漆的花纹独特而层次丰富，因此，适合搭配一些具有素净感的材质，如白色乳胶漆、纹理较为规则的木质材料等，可起到互相衬托的作用，同时也可避免使空间装饰层次显得过于混乱。

▶ 走廊使用蓝色的马来漆搭配白色乳胶漆和米灰色地砖做装饰，清新、明朗又不乏层次感

④ 材料的施工与运用

马来漆的施工步骤

基层处理

● 清除基层表面上的灰尘、油污、疏松物，而后用腻子批平。处理完成后，必须保证基底的致密性与结实性。

平涂底层漆

● 将指定色彩的马来漆，按照设计图案，在施工墙面平涂一遍，注意，这一遍漆的厚度越薄越好。

批刮第二道图案

● 用小而柔韧的不锈钢抹泥刀将马来漆用批刀尖蘸上少量，同样按不规则方式进行平批，保持 10cm 左右的间距，可以和第一遍重叠。

批刮第一道图案

● 用马来漆批刀，在墙面上开始批刮图案，图案之间不要重叠，要保持 10cm 左右的间距。

打磨、批刮第三道图案

● 第二道马来漆彻底干燥后，需用细砂纸仔细打磨圆滑。
● 第三道重复第二道的"批""刮"，抹点需不重复在一个位置上，并边批刮边抛光。

抛光

● 三道图案均批刮完成后，用不锈钢刀调整好角度批刮抛光，直到墙面具有如大理石般的光泽。

施工贴士

● 马来漆的涂刷颜色、效果应与设计方案一致。

● 马来漆是不用底漆的自封闭涂料，基底状态会影响其涂刷效果及持久度，其要求如下：合格的基层应当不掉粉，不起砂，无空鼓、起层、开裂和剥离现象；适合水性涂料施工的基层，含水率应低于 10%、pH 值应小于 10。

● 有的马来漆在涂刷过程中会导致乳胶漆泛黄，所以要避免聚氨酯和乳胶漆同时施工。

五、液体壁纸

① 材料特点

● 液体壁纸是一种新型艺术涂料，也称壁纸漆和墙艺涂料，是集壁纸和乳胶漆特点于一身的环保水性涂料。它无毒无味、绿色环保、有极强的耐水性和耐酸碱性、不褪色、不起皮、不开裂，使用年限在 15 年以上。

● 液体壁纸的施工难度比较大，不仅是对墙面的要求比较高，施工周期也比较长。

● 考虑到造价的问题，一般都只是用液体壁纸做局部装饰。

● 液体壁纸一般价格为 60 ~ 260 元 / m²，每增加一种颜色则单价增加 10 ~ 18 元。

② 材料常见种类

液体壁纸的系列齐全。有浮雕、印花、肌理、植绒、变色、负离子、幻彩等系列，上千种图案及专用底涂，花色不仅有单色系列、双色系列，还有多色系列。

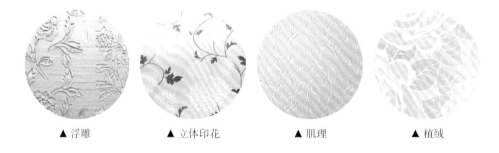

▲ 浮雕　　　　▲ 立体印花　　　　▲ 肌理　　　　▲ 植绒

③ 材料的设计与搭配

设计时，应考虑液体壁纸纹理和图案的舒适性

多数家庭的居住面积并不宽敞，所以根据人们希望环境舒适一些的心理，在设计时，最好不要选纹理、图案过于醒目的液体壁纸，图案的尺度也要适当，如果图形花样过大就会在视觉上造成"近逼"感。

▲ 恰当尺度图案的液体壁纸，才不会让空间墙面显得拥挤

❹ 材料的施工与运用

液体壁纸的施工步骤

基层处理

- 清除基层表面上的灰尘、油污、疏松物，而后处理平整。
- 处理完成后，必须保证基底的致密性与结实性。

刷底漆

- 基层处理完成后，在上面涂刷一层液体壁纸的专用底漆。底漆涂刷需保证覆盖全面、薄厚均匀。

搅拌

- 在产品刮涂前将产品打开盖子，用搅拌棒将涂料进行充分的搅拌，如果有气泡请将产品静置十分钟左右，待气泡消失再使用。

涂刷

- 将适当的液体壁纸涂料，放于涂刷工具的内框上。
- 将印刷工具置于墙角处，印刷模具的模面紧贴墙面，然后用刮板进行涂刮。

收料、套模

- 将每一个花型刮好后，收尽模具上多余的涂料，提起模具时请垂直于墙面起落。
- 套模时候根据花型的列距和行距使横、竖、斜都成一条线。

图案制作

- 以模具外框贴近已经印好花型的最外缘，找到参照点后涂刮，并依此类推至整个墙面。当墙面在纵向或横向不够套硬模时，用软模补足。

施工贴士

- 液体壁纸完工后，外表光彩应一致，不得有气泡、空鼓、裂痕、翘边、皱折和斑污。

- 液体壁纸在所有的平面墙上都可以施工，无须对墙面刮白，墙面上刷一层液体壁纸专用的底漆，然后用模具即可将各种图案印在墙面。

- 液体壁纸的施工难度比较大，涂刷不好影响效果和使用寿命，且施工周期也比较长。所以若计划使用液体壁纸设计墙面，需请有涂刷经验的施工队来施工。

六、仿岩涂料

① 材料特点

- 仿岩涂料是仿照岩石的表面质感的涂料品种，是一种水性环保涂料。强度较高、不易脱落、耐冲击、耐磨损、不燃、耐火，减少水和化学品的使用，尽量降低涂料对环境的污染。
- 仿岩涂料古朴、粗犷，有鲜明的个性。适用于简约风格、乡村风格和现代风格。
- 仿岩涂料具有岩石的一些质感和外表特征，可以用来替代部分石材装饰墙面，且可以用于室外。
- 仿岩涂料有石材的效果，但价格比石材便宜，一般为 30~50 元 / m^2。

② 材料常见种类

仿岩涂料有 STUCCO 涂料及仿花岗岩涂料两类产品。STUCCO 涂料具有丰富的肌理、古朴的质感，颗粒中等，有天然韵味；仿花岗岩涂料弥补了传统真石漆所缺少的岩石片状效果，可以非常直接地体现花岗岩的纹理效果与质感，是传统真石漆的升级换代产品。

▲ STUCCO 涂料　　　　　　　　　　▲ 仿花岗岩涂料

③ 材料的设计与搭配

用于室内可增添古朴、粗犷感

仿岩涂料沉稳的气派张扬一种不经雕凿的随意，具有鲜明的个性。用来装饰室内空间，可增添古朴、粗犷的感觉。

▶新中式风格的书房中，墙面设计为仿岩涂料，与木质家具搭配，具有浓郁的古朴感

❹ 材料的施工与运用

仿岩涂料的施工步骤

基层处理

- 新墙需要充分养护，干燥；对于已受潮剥离的旧墙，则需重新做底层批荡。
- 基面应平整、洁净，不得有油污，浮灰或其他污染物。

批刮找平腻子

- 批刮腻子应使用抹子、刮板或钢批进行施工，从上向下批刮。每遍腻子不能刮涂太厚，过厚易产生龟裂、脱落等弊病，一共需批刮两遍腻子。

沟缝分格施工

- 按照设计要求在墙面打好水平，量好尺寸，用墨盒弹好线，定好位置，贴美纹纸做保护。

底漆施工

- 底漆能快速渗透基材和腻子层内部，形成严密封固隔离层，漆膜柔韧性好，有效防止外界酸、碱、水、油分等物质侵蚀墙体，达到最佳的酸碱度平衡。

仿岩涂料施工

- 将涂料充分搅拌均匀、建议不加水稀释直接施工，如需加水最多不超过 3%。
- 根据喷涂效果的要求选择合适口径的喷枪、喷嘴距墙面 40 ~ 50cm。

打磨

- 涂料干燥之后，喷涂罩面漆之前需用普通砂纸等工具磨掉已干透涂层表面的浮砂及砂粒之锐角，将表面有锐角的颗料磨平。

施工贴士

- 底漆施工后，应进行验收，验收标准为：表面光滑、平整、均匀、洁净、无砂眼、无明显刷痕、无漏涂等，大面观感良好。
- 仿岩涂料喷涂完成后，表面应平整、无发花，无泛碱、咬色、厚薄一致、粗细均匀，无流坠、疙瘩、溅沫现象，正视颜色一致，无砂眼、无划痕、无漏喷。
- 施工时，环境和墙面温度应在 5℃以上，相对湿度不高于 85%，墙面含水率小于 10%，pH 值小于 10。

七、木器漆

① 材料特点

- 木器漆可使木质材质表面更加光滑，避免木质材质被硬物刮伤或产生划痕；有效地防止水分渗入木材内部造成腐烂；有效防止阳光直晒木质家具造成干裂。
- 木器漆适用于各种风格的家具及木地板饰面。
- 木器漆根据品质的区别，价格为 200 ~ 2000 元 / 桶。

② 材料常见种类

较为常用的木器漆有硝基漆、聚酯漆、水性漆及聚氨酯漆等。硝基漆干燥快、光泽柔和，但丰满度低、硬度低；聚酯漆漆膜丰满，层厚面硬，但易使漆面及邻近的墙面变黄；水性漆最环保，但硬度比较低；聚氨酯漆漆膜强韧，光泽丰满，耐磨，但易变黄。

③ 材料的设计与搭配

油性木器漆和水性木器漆结合更环保

水性漆污染小，但硬度和装饰效果比其他的油性漆差，当木工程较多时，可以在面层使用油性漆，提高耐磨度及美观性，内部使用水性漆，来减少污染。

▲ 制作柜体时，面层使用油性漆，内部使用水性漆，美观、耐用又可提高环保性能

④ 材料的施工与运用

木器漆清油的施工步骤

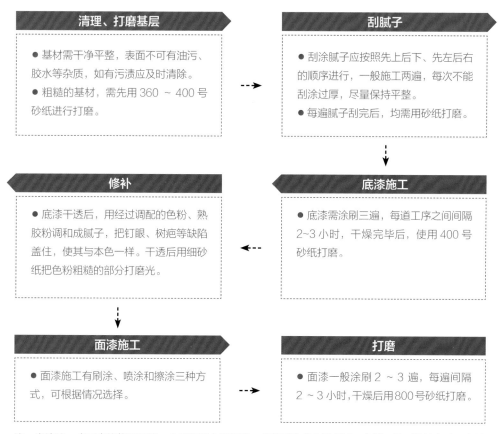

清理、打磨基层

- 基材需干净平整，表面不可有油污、胶水等杂质，如有污渍应及时清除。
- 粗糙的基材，需先用 360 ~ 400 号砂纸进行打磨。

刮腻子

- 刮涂腻子应按照先上后下、先左后右的顺序进行，一般施工两遍，每次不能刮涂过厚，尽量保持平整。
- 每遍腻子刮完后，均需用砂纸打磨。

修补

- 底漆干透后，用经过调配的色粉、熟胶粉调和成腻子，把钉眼、树疤等缺陷盖住，使其与本色一样。干透后用细砂纸把色粉粗糙的部分打磨光。

底漆施工

- 底漆需涂刷三遍，每道工序之间间隔 2~3 小时，干燥完毕后，使用 400 号砂纸打磨。

面漆施工

- 面漆施工有刷涂、喷涂和擦涂三种方式，可根据情况选择。

打磨

- 面漆一般涂刷 2 ~ 3 遍，每遍间隔 2 ~ 3 小时，干燥后用 800 号砂纸打磨。

注：底漆这一步可直接使用面漆，也可使用专用底漆，若使用的是专用面漆，在第二遍面漆结束后，先用湿布把木器表面抹湿，然后用砂纸湿水后打磨表面，俗称水磨。等到水磨的工序结束后，再刷一遍面漆。

施工贴士

- 木器漆完工后需查看漆面颜色是否均匀，是否存在色彩深浅不一致的情况，要求漆面无刷纹。
- 环境湿度大于 85%、气温降至 5℃以下时不宜进行木器漆的施工。
- 如果在涂刷水性木器漆以前，已涂刷油性底漆，可以先用 400 号砂纸进行打磨，再涂刷水性木器面漆，来增加表面的附着力。
- 一般来说，共需要刷面漆为 4 ~ 8 遍方会有较为优质的效果，面层油漆越多遍越好，但一般不宜超过 10 遍。

第四节

壁纸

一、纸质壁纸

① 材料特点

- 纯纸壁纸不含化学成分，打印图案清晰细腻，色彩还原好，可防潮、防紫外线。
- 纯纸壁纸的风格多倾向于田园风格和简约风格，如果选择田园风或简约风的装修可以考虑大量使用纯纸壁纸。当然，其他风格也可以适当使用，如作为背景墙。
- 纯纸壁纸可以应用于客厅、餐厅、卧室、书房等空间，不适用于厨房、卫浴等潮湿空间。另外，纯纸壁纸环保性强，所以特别适合对环保要求较高的儿童房和老人房使用。
- 纯纸壁纸的价格为 150 ～ 500 元 /m^2。

② 材料常见种类

纯纸壁纸分为两种：原生木浆纸——以原生木浆为原材料，经打浆成型，表面印花。相对韧性比较好，表面相对较为光滑；再生纸——以可回收物为原材料，经打浆、过滤、净化处理而成，该类纸的韧性相对比较弱，表面多为发泡或半发泡。

③ 材料的设计与搭配

注重图案的逼真感选可纸质壁纸

纸质壁纸中较为常见的花鸟图案、格子图案等款式，都有非常清晰的效果，若注重真实感，即可选择纸质壁纸做设计，如美式风格的空间中，就非常适合使用它设计墙面。

▲美式风格的卧室内，使用色彩还原度极佳的纸质壁纸装饰墙面，增添了极强的自然感，使人感觉非常舒适、惬意

④ 材料的施工与运用

纸质壁纸的施工步骤

墙面检测

● 墙面可施工标准为：光滑平整，表面无水纹状起伏或坑洼现象；表面应牢固、无粉化、起皮和裂缝；含水率应小于 8%。

涂刷基膜

● 墙体检验合格后，在墙面上涂刷一层均匀的基膜。粘贴纸质壁纸，应涂刷两遍基膜，先刷一遍渗透型墙基膜紧固墙体内部，再涂刷一遍表面成膜型墙基膜。

刷胶

● 先在墙上刷一层胶水，注意需浓胶薄涂，而后在壁纸背面刷一层胶。注意上胶要厚薄匀称，并使用保护带，以免胶水溢出到壁纸表面。

润湿壁纸

● 开始刷胶前，对于纸基的纸质壁纸，背面需先用海绵蘸水轻微湿润，以便于壁纸拼缝的处理。

裁缝

● 尽量使用搭边裁切的方法处理缝隙。
● 裁切壁纸时刀的位置要正，与墙夹角要小，用力需适当。用力过小容易导致歪斜，用力过大容易划伤墙面。

压缝

● 铺贴时产生的气泡和褶皱需用毛刷耐心抚平，不能使用刮板；压缝要尽量轻柔，不要压出凹痕。
● 施工后 48 小时内不能开门窗通风。

施工贴士

● 纸质壁纸的耐水性相对比较弱，施工时表面需避免溢胶，如不慎溢胶，应使用干净的海绵或毛巾按压吸收，而不要来回擦拭。如果用的是纯淀粉胶，可等胶完全干透后用毛刷轻刷。

● 纸质壁纸有较强的收缩性，建议使用干燥速度快一些的胶来施工。

● 应选用高固含量的基膜，涂刷后用硬度计检测，牢固度应达到 50HD。

● 拼缝处理最佳时间是张贴 2~3 幅后，用平压轮轻轻压合。

二、PVC 壁纸

① 材料特点

- PVC 壁纸具有一定的防水性，施工方便，耐久性强。
- PVC 壁纸透气性能不佳，在湿润的环境中，对墙面的损害较大，且环保性能不高。
- PVC 壁纸的花纹较多，适用于任何家居风格。
- PVC 壁纸有较强的质感和较好的透气性，能够较好地抵御油脂和湿气的侵蚀，可用在厨房和卫浴，几乎适合家居的所有空间。
- PVC 壁纸的价格为 80 ~ 200 元 / m^2，适用于各种档次的室内装修装饰。

② 材料常见种类

PVC 壁纸主要有两类，即 PVC 涂层壁纸和 PVC 胶面壁纸。PVC 涂层壁纸经过发泡处理后可以产生很强的三维立体感，并可制作成各种逼真的纹理效果，有较强的质感和较好的透气性，能够较好地抵御油脂和湿气的侵蚀；PVC 胶面壁纸印花精致、压纹质感佳、防潮性好、经久耐用、容易维护保养，是目前最常用、用途最广的壁纸。

▲ PVC 涂层壁纸　　　　　　　　▲ PVC 胶面壁纸

③ 材料的设计与搭配

可选择风格代表图案

PVC 壁纸图案的选择是非常重要的，它影响着材料铺贴后的美观性。但其图案有成千上万种，难免让人眼花缭乱，若从家居风格入手选择，会更轻松一些，选择每种风格的代表性图案，无论是用在背景墙还是整体铺贴，都会让家居装饰主题更突出。

▲ 水墨山水图案的壁纸，凸显出了现代中式风格的古雅意境

❹ 材料的施工与运用

PVC 壁纸的施工步骤

墙面处理

- 墙面应处理至牢固、平整、无粉化、起皮和裂缝现象。
- 使用墙体水分测量仪，含水率不大于8% 才能施工。

涂刷基膜

- 墙体检验合格后，在墙面上涂刷一层均匀的基膜，对墙体进行封闭和防潮处理，完全干燥后再开始施工。

裁切壁纸

- 裁剪壁纸时每幅壁纸的高度要大出墙面长度的实际尺寸，一般为 10cm 左右。裁剪的剩余部分可以保留下来用作后期的修补。

测量尺寸

- 对所要粘贴壁纸的墙面尺寸进行测量，计算好壁纸的用量，而后对壁纸进行裁切，注意要留出余量。

涂胶

- 用刮板把胶水均匀地涂在壁纸上，然后把壁纸对折让它软化一段时间。上胶时要铺贴橙色的保护带，可避免壁纸面层沾到胶水。

粘贴

- 粘贴时，纸幅要垂直，先对花、对纹、拼缝，然后用薄钢片刮板由上而下赶压，由拼缝开始，向外向下顺序压平、压实。
- 挤出的胶粘剂要及时用湿毛巾抹净。

施工贴士

- 壁纸粘贴完成后，应牢固，无漏贴、气泡、补贴、脱层、空鼓和翘边现象。
- 各幅拼接应横平竖直，花纹、图案应吻合，距墙面 1.5m 处正视不显拼缝。
- 带花纹的壁纸裁切时需根据墙面高度多留出 10cm 左右，做修边之用。
- PVC 壁纸施工前，闷水是必不可少的环节，建议先用排笔蘸清水将壁纸背面进行湿润，或者把裁好的壁纸卷起来放在桶中浸泡 3～5 分钟，然后再拿出来进行晾干。

三、金属壁纸

❶ 材料特点

- 金属壁纸即在产品基层上涂上一层金属，质感强，极具空间感，可以让居室产生奢华大气之感，属于壁纸中的高档产品。
- 金属壁纸的价格一般为 100 ～ 1500 元 / 卷。

❷ 材料常见种类

金属壁纸总的来说可分为金箔壁纸和银箔壁纸两类，金箔壁纸以金色为主，具有极强的豪华感；银箔壁纸以银色为主，整体给人庄重大方的感觉，具有偏冷的华丽感。

▲ 金箔壁纸　　　　　　　　　　　　　　▲ 银箔壁纸

❸ 材料的设计与搭配

适合小面积的用于主要部位

金属壁纸总的来说都比较华丽，家居需要温馨的氛围，因此，更建议小面积地用于墙面或顶面，如装饰客厅或卧室的主题墙等，若追求艺术性，可选手绘图案的款式。

◀ 将手绘金属壁纸装饰在背景墙中间，为卧室增添了华丽感和浓郁的艺术气息

④ 材料的施工与运用

金属壁纸的施工步骤

墙面处理

● 金属壁纸表面光滑，容易反光，底层的凹凸不平、细小颗粒都会一览无余，因此对墙面要求较高，光滑平整的墙面是裱糊的基本条件。

涂刷基膜

● 墙体检验合格后，在墙面上涂刷一层均匀的基膜，对墙体进行封闭和防潮处理，完全干燥后再开始施工。

涂胶

● 因壁纸胶内含有水分，溢胶后再擦除，同样有造成壁纸表面氧化的可能性。故应使用机器上胶，并正确使用保护带。
● 也可采用墙面上胶的方法进行施工。

裁切壁纸

● 对所要粘贴壁纸的墙面尺寸进行测量，计算好壁纸的用量，而后对壁纸进行裁切。

粘贴

● 铺贴金属壁纸时，尽量使用搭接裁缝，裁缝时应保持刀片锋利（最好使用进口刀片），及时更换刀片。

压缝

● 施工接缝处尽量使用压辊压合，不要用刮板等工具，容易刮伤表面。特别是在处理阴阳角的位置时。

施工贴士

● 金属壁纸施工时，不可用水或湿布擦拭壁纸表面，以免其表面发生氧化。因胶内也含水分，如不慎溢胶，可使用海绵按压吸取胶液，不要来回擦拭。

● 有图案的金属壁纸，要注意上下顺序，可先糊上一片，经过对比再裁切第二片。

● 金属类壁纸表面的一层金箔或锡箔也会导电，因此特别要小心避开电源、开关等带电线路。

● 施工后 48 小时内不能开门、开窗通风。

四、无纺布壁纸

① 材料特点

- 无纺布壁纸为新一代环保材料，具有防潮、透气、柔韧、质轻、不助燃、容易分解、无毒无刺激性、色彩丰富、可循环利用等特点。
- 无纺布壁纸是采用纯天然植物纤维制作而成，不含其他化学添加剂，绿色环保。
- 无纺布壁纸广泛应用于客厅、餐厅、书房、卧室、儿童房的墙面铺贴中。
- 无纺布壁纸的价格为 100 ~ 500 元 /m^2，进口产品的价格高，国产产品的价格低。

② 材料常见种类

无纺布壁纸款式众多，总地来说可分为立体压花壁纸和平面印花壁纸两类。前者花纹立体感较强，触摸有凹凸感；后者多为平面花纹，触摸为平面。

▲ 立体压花无纺布壁纸　　　　　　　　▲ 平面印花无纺布壁纸

③ 材料的设计与搭配

无纺布壁纸具有轻柔的视觉效果

无纺布壁纸与传统壁纸最大的不同就是可以体现出布料的温润感，使用无纺布壁纸设计墙面，可以为家居环境带来轻柔的视觉效果。

▲ 用无纺布壁纸设计墙面，视觉上要比 PVC 等合成材料的壁纸更柔和

④ 材料的施工与运用

无纺布壁纸的施工步骤

墙面处理

- 粘贴无纺布壁纸对基层的要求：墙面平整、光滑、清洁干燥。
- 建议做防潮处理，以便以后更换且避免污染墙壁。

涂刷基膜

- 基层处理并待干燥后，表面满涂基膜一遍，要求薄而均匀，可减少因不均而引起纸面起胶现象。

裁切壁纸

- 按照壁纸的流水号将壁纸摆好，量取墙体的高度，根据墙体的高度上下各预留 5cm 进行裁切壁纸，切记一次裁切一卷壁纸，以防出现品质问题。

墙面画垂线

- 在基层涂料涂层干燥后，画垂直线做标准。
- 取线位置从墙的阴角起，以小于壁纸 1 ~ 2cm 为宜。

涂胶

- 贴无纺布壁纸胶水必须均匀地刷在墙面上，厚度在 2mm 即可，绝不可将胶水直接刷在无纺布的背面，更不可泡水湿贴。

粘贴

- 按照事先比对好的顺序对无纺布壁纸进行粘贴。
- 对花时及处理接缝时需注意，要搭边对裁施工。

施工贴士

- 无纺布壁纸与其他壁纸不同，用胶应比其他壁纸的胶水较浓、厚，使其流动性下降。可以选用胶浆 + 墙粉来粘贴。
- 无纺布壁纸韧性较强，在裁切时应确保裁刀锋利，不可有毛边，同时注意下刀的力度，要保证一次裁剪、一刀两断。
- 无纺布壁纸上墙后不可使用硬质刮板或尼龙刷，应使用软毛刷由上往下轻刮，将壁纸表面刮平，清除气泡、折皱。

五、木纤维壁纸

① 材料特点

● 木纤维壁纸有相当卓越的抗拉伸、抗扯裂强度（是普通壁纸的 8 ~ 10 倍），其使用寿命比普通壁纸长。

● 木纤维壁纸和大多数壁纸一样，施工时对墙面的平整度要求较高。

● 木纤维壁纸的花色繁多，适用于各种风格的家居。

● 木纤维壁纸不仅环保,其防水性和防火性能也较高,因此适用于家居中的任何空间。木纤维壁纸的价格为 150 ~ 500 元 /m^2，可以根据预算选择适合的品种。

② 材料常见种类

木纤维壁纸根据表面的花色分类，可分为纯色款和图案款两种类型。纯色款为纯色或带有细腻纹理的款式，如亚麻花纹，较为素雅；图案款表面为各种图案，款式较多。

▲ 纯色木纤维壁纸　　　　　　　▲ 图案木纤维壁纸

③ 材料的设计与搭配

木纤维壁纸为家居环境带来和谐的配饰效果

木纤维壁为亚光型光泽，柔和自然，因此极易与家具搭配，可以为家居环境带来和谐的效果。另外，木纤维壁纸具有良好的透气性能，能将墙面本身的湿气释放，不至于因潮湿气积压过多导致壁纸发生霉变。即便是在气候潮湿的南方地区，甚至是在湿度较大的梅雨季节，都可以放心使用。

▲ 木纤维壁纸与卧室中的家具搭配得十分和谐，令空间呈现出天然温润的质感

④ 材料的施工与运用

木纤维壁纸的施工步骤

墙面处理

- 刮腻子前要先将基面进行平整，如果墙面有污点可以用钢刷进行清理。
- 一般刮两遍腻子，对于不平整的局部可以多刷几遍。然后再用砂纸进行打磨。

涂刷基膜或底漆

- 腻子刮好以后，涂刷基膜或底漆，先用滚筒在墙体的表面涂抹基膜或是一遍清漆，涂抹时要做到薄而均匀，待到干透后才可开始铺贴壁纸。

裁纸

- 测量好尺寸后，让壁纸的涂胶面朝上，花纹面朝下，用铅笔在壁纸背面做好相应的标线记号，用壁纸刀按标线进行裁剪，而后进行编号。

画垂线

- 粘贴前先画垂直线。从墙的阴角开始起线，最好比壁纸小 1~2cm。然后用准心锤测出整个垂直基准线，最后用记号笔沿线在相对应的地方画竖的线。

调胶

- 调胶的时候要按照说明书进行调配。先在桶里倒入一定量的凉水，然后缓缓加入壁纸胶粉，按同一个方向进行搅拌均匀。放置 20 分钟后再使用。

粘贴壁纸

- 将壁纸按照一定的顺序进行粘贴，然后用专用的压辊从同一方向进行滚动，赶出壁纸内的气泡。压的时候力度要控制，不能太用力。

注：所有类型的壁纸施工程序大体上是相同的，没有详细描述的步骤可互相作为参考。区别点可参考施工贴士部分的内容。

施工贴士

- 木纤维壁纸在施工时，墙面必须平整、无凹凸，以及无污垢或剥落等不良状况。墙面颜色需均匀一致，平滑、清洁、干燥，阴阳角垂直，另外，墙面应做好防潮处理。
- 粘贴壁纸时，应保持双手的清洁，一定要均匀上胶，不要污染壁纸表面，溢出要立即用海绵或毛巾吸除。

六、植绒壁纸

① 材料特点

● 植绒壁纸是将短纤维粘结在纸基上，从而产生出好质感的绒布效果的一类壁纸。有很好的丝质感，不会因为颜色的亮丽而产生反光。

● 植绒壁纸既有植绒布所具有的美感和极佳的消声、防火、耐磨特性，又具有一般装饰壁纸所具有的容易粘贴特点。

● 植绒壁纸质感清晰、柔感细腻、密度均匀、牢度稳定及环保。

● 大多植绒壁纸局限于单色植绒工艺。

● 植绒壁纸的价格为 200~800 元/m^2，根据工艺的不同，价格差异较大，一般双色、多色植绒壁纸价格相对高些。

② 材料常见种类

植绒壁纸根据植绒的效果可分为普通植绒和 3D 立体植绒两类。普通植绒的绒面为平面效果，3D 立体植绒壁纸的绒面更具立体感。

▲ 普通植绒壁纸　　　　　　　▲ 3D 立体植绒壁纸

③ 材料的设计与搭配

（1）可丰富室内装饰的层次感

植绒壁纸的立体感比其他任何壁纸都要出色，绒面带来的图案令卧室更具独特气质，这种立体的材质同时还能增强壁纸的质感，营造特殊视觉效果。

▶ 客厅使用植绒壁纸设计背景墙，提升了整体装饰的品质感

（2）根据空间性质决定使用面积

植绒壁纸表面有植绒，虽然装饰效果好，但与其他类型的壁纸墙壁，较难打理，因此在设计时，建议根据使用空间的性质来决定使用面积，如客厅、餐厅等使用人数多的房间，更适合局部装点，如设计背景墙；在卧室等私密空间中，使用房间的人数较少，则可大量用于墙面之上，当空间面积较大时，单独使用植绒壁纸可能会感觉单调，可搭配其他材质或不同纹理的壁纸组合。

▲ 欧式风格的卧室中，用植绒壁纸与硬包背景墙组合，增添了高贵、典雅的气质

施工贴士

● 植绒壁纸表面带有短绒，一旦受到污染很难处理，施工时一定要注意保护表面，以免影响铺贴效果。

● 植绒壁纸上胶完成后，每幅壁纸的等待时间注意应一样长。

● 植绒壁纸的表面是绒毛，接缝处应用软压轮处理。

● 植绒壁纸需要拼花的产品要保证花型对齐，绒布壁纸有反顺毛现象，施工完毕后应用毛刷。

注：植绒壁纸的表面带有绒毛，施工时不能被污染，其施工步骤可参考金属壁纸部分的内容，这里不再赘述。

七、壁布

① 材料特点

● 壁布以棉布为底布，通过在底布上进行印花、轧纹浮雕处理或大提花等工序，制成不同的图案。

● 壁布所用纹样多为几何图形和花卉图案。

● 壁布环保无味、耐磨，视觉舒适、触感柔和、少许隔声、高度透气、亲和性佳，可有效地保护墙面。

● 壁布没有墙纸的使用范围广泛，它的使用限制较多，不适合潮湿的空间，保养起来没有壁纸方便，但是装饰效果更精致、高雅。

② 材料常见种类

壁布根据制作材料的不同，可分为：纱线壁布——用不同式样的纱或线构成图案和色彩，织布类壁布——有平织布面、提花布面和无纺布面等，植绒壁布——将短纤维植入底纸产生绒布效果及功能类壁布——具有抗菌、吸音、防污、阻燃、防水等功效。

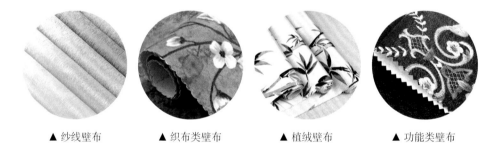

▲ 纱线壁布　　　　▲ 织布类壁布　　　　▲ 植绒壁布　　　　▲ 功能类壁布

③ 材料的设计与搭配

无缝壁布粘贴效果更佳

一般的壁布如壁纸一般是有宽度限制的，粘贴时就会存在缝隙，而翘起、开裂等问题也会从缝隙开始发生，现在市面上出现了无缝壁布，它是根据室内墙面的高度设计的，一般幅宽在 2.7~3.10m，一般宽度的墙面只需要一块就可以粘贴，无需对花、对缝，更美观。

▲ 使用无缝壁布设计的墙面，更具整体感，且经得起细节的考验

❹ 材料的施工与运用

壁布的施工步骤

墙面检测

● 壁布上墙之前需要进行检验测量，墙面要求：平整、清洁、干燥、颜色均匀一致，无空隙、凸凹不平等缺陷。

涂刷基膜

● 基层检验合格后，在墙面滚刷基膜至少 2 遍。基膜干燥后（一般 3~4 小时左右），即可开始进行壁布的裱糊。

粘贴

● 将壁布顺墙面放直，上边高度和墙面高度一致，下端用一物品将整卷壁布垫齐在踢脚线上端。
● 将壁布滚展开由里至边用刮板贴在墙上，将上下贴齐后再按顺序继续铺贴。

滚胶

● 基膜干后从墙壁的某阴角处开始滚刷壁布胶，一般按滚刷一面墙（上下滚均匀）后开始贴壁布。
● 壁布胶不宜涂刷过多过厚，这样容易导致墙面溢胶问题。

处理阴角

● 如阴角直，不用剪裁可继续进行滚展施工。如阴角不直，可在阴角处进行搭接剪裁。

擦胶

● 用干净的湿毛巾擦掉多余胶浆。
● 整屋贴完后进行全面检查，发现有气泡、鼓泡应及时处理。

注：壁布施工除如壁纸一般采用冷胶法外，还可采用热胶法施工，此类壁布背面自带背胶，施工时，涂刷基膜后，即可使用专业热烫及熨烫操作即可完成裱糊。

施工贴士

● 粘贴壁布时，对不同类型的基底，应注意处理方式的区别：粉化旧墙，应铲去涂料层和粉化层，找平墙面，打磨光滑，平整后刷基膜一遍；毛坯墙，应用腻子粉批平，打磨平整刷基膜；若刷过乳胶漆，应打磨平整再刷基膜；木基层需用油漆薄刷一遍，补平接缝满刮腻子 1 ~ 2 遍，砂纸磨平，刷一遍基膜。

● 选择基膜时，需针对不同的墙面选择不同类型，如乳胶漆基底应选择乳胶漆专用墙基膜，而容易掉粉的基底，则应选择渗透型墙基膜等。

八、壁贴

① 材料特点

● 壁贴又叫即时贴、随意贴等，它具有出色的装饰效果，使用非常便捷，局部装点即可改变空间的氛围，还可以自由发挥创意，随意组合。

● 简单的壁贴可以 DIY 施工，一些复杂且细致的高级壁贴需要由专业人员施作。

● 壁贴具有多样化特征，可以根据家居风格任意选择，尤其适合现代风格和简约风格的家居。

● 壁贴适用于家居空间的墙面装饰，但对底材有所要求，通常适合粘贴在乳胶漆墙面、瓷砖表面、玻璃表面、木质表面、塑料表面及金属表面。

● 壁贴的价格为 50 ～ 500 元 / 组，价格差异较大，不同装修档次的装修可以选择对应的价位。

② 材料常见种类

壁贴按实际的使用类型可大致分为：卡通壁贴、韩版壁贴、植物花卉壁贴、开关贴、人物类壁贴、建筑物壁贴、文字风情壁贴等。

③ 材料的设计与搭配

千变万化的壁贴搭配带来多样化的家居环境

壁贴的种类非常多，可以用来替代墙面彩绘，且更换起来非常方便，很适合喜欢保持新鲜感的人群。需要注意的是，壁贴图案及颜色的选择宜结合室内的整体风格进行，如儿童房适合选择活泼具有童趣的款式；客厅则应该根据家居整体风格进行选择等。

▲ 儿童房中，使用卡通图案的壁贴设计墙面，符合孩子的年龄特点，充满童趣

▲ 餐厅中，使用黑白色的城市主题壁贴设计墙面，十分具有故事性和艺术感

④ 材料的施工与运用

壁贴的施工步骤

基面处理

- 壁贴不适合用在不平整的墙面、壁纸墙面以及掉落粉尘的墙面。
- 贴合面应干净、平整，可用湿布擦干净，待干燥后，再将壁贴粘贴上去。

剪切

- 开始贴之前，先准备好剪刀、卡片或银行卡等粘贴壁贴需要的辅助工具。
- 首先先将图案周边多余的空白部分用剪刀剪掉，这样比较容易粘贴。

去底纸

- 将粘有图案的转移膜轻轻地撕离图案的底纸。在贴面积比较大的图案时，可以将图案反过来，把图案的底纸撕离转移膜和图案。

贴转移膜

- 将转移膜贴在图案上，并用卡片或银行卡在转移膜上反复来回刮几下，使图案与转移膜更好地粘在一起，贴在墙上后才不会有气泡出现。

粘贴壁贴

- 先将转移膜的一角先粘在墙上，然后慢慢的将粘有图案的转移膜顺着向下的方向贴在墙上，接着用卡片由图案中间向四周的方向反复划几下。

去掉转移膜

- 壁贴粘贴牢固后，可开始将转移膜撕离墙面。
- 操作的时候尽量慢一些，可以一边按着图案，一边撕离转移膜。

施工贴士

- 并不是所有的基面都适合用壁贴来进行装饰，通常壁贴适合粘贴在：乳胶漆墙面、瓷砖表面、玻璃表面、木质表面、塑料表面以及金属表面。
- 壁贴不适合用在：不平整的墙面、壁纸墙面以及掉落粉尘的墙面。
- 粘贴壁贴时，可以用吹风机来辅助粘贴，使其与基面粘结得更牢固。
- 当粘贴基面为粉质时（如乳胶漆），粘贴过程一定要缓慢，避免产生气泡，光面基面可重新揭开去除气泡，而粉质基面揭开后会影响胶黏度。

第五节
玻璃

一、烤漆玻璃

❶ 材料特点

- 纯烤漆玻璃使用环保涂料制作，环保、安全，具有耐脏耐油、易擦洗、防滑性能高等优点。
- 烤漆玻璃若涂料附着性较差，则遇潮易脱漆。
- 烤漆玻璃的色彩可选择性强，适合各种室内风格。
- 烤漆玻璃可用于制作玻璃台面、玻璃形象墙、玻璃背景墙、衣柜柜门等。
- 烤漆玻璃的价格为 $60 \sim 300$ 元 $/m^2$，钢化处理的烤漆玻璃要比普通烤漆玻璃贵。

❷ 材料常见种类

烤漆玻璃根据制作的方法不同，一般分为：油漆喷涂玻璃和彩色釉面玻璃，油漆喷涂玻璃，刚用时色彩较艳丽，若长期日晒，容易褪色及起皮脱漆；彩色釉面玻璃的性能比前者好，但它分为低温和高温两种类型，比较来说，高温玻璃的性能更好。

❸ 材料的设计与搭配

与金属组合可强化现代感

烤漆玻璃的适用范围比较广，不仅适用于简约、现代、时尚等现代类风格，新中式、简欧风格等也同样适用。当强化其现代感和时尚感时，可适用金属材质与其组合设计。

▶ 黑色烤漆玻璃叠加中式造型的金属条，将现代和古典完美地融合

❹ 材料的施工与运用

烤漆玻璃墙的施工步骤

处理墙面

● 处理墙面时，先将上面的脏污处理干净，而后在抹灰面上刷热沥青或其他防水材料，若基层不刷防水材料，也可在木衬板与玻璃之间夹一层防水层。

安装墙筋

● 固定衬板需适用墙筋。

● 安装小块镜面多为双向立筋，大块镜面可以单向立筋，横、竖墙筋的位置与木砖一致。

安装衬板

● 衬板为大芯板或胶合板，钉在墙筋上，钉头应嵌入板内。板与板的间隙应设在立筋处。

安装烤漆玻璃

● 胶粘固定法：用胶打在背板上，将玻璃与背板固定。适合小块或重量较轻的烤漆玻璃，但不适合顶面。

● 干挂固定法：需配合不同的干挂件还有玻璃框架型材安装。适合大块玻璃。

● 点挂固定法：通过在钢架基层固定特定金属爪件，爪件穿过玻璃上预钻的孔来有效地固定玻璃。适合大块玻璃。

● 框架固定法：将玻璃分成几块，加装木或金属框固定。适合大块玻璃。

收边

● 用木质或金属压条对镜面玻璃进行收边操作。

● 压条接触玻璃处，应与裁口边缘齐平。压条应互相紧密连接，并与裁口紧贴。

施工贴士

● 如有条件，应在砌筑墙、柱时先埋入木砖，以固定木方，间距一般以 500mm 为宜。

● 墙筋为 40mm×40mm 或 50mm×50mm 的小木方，用铁钉固定在墙内预埋的木砖上。

● 烤漆玻璃划割尺寸正确，安装平整、牢固，无松动现象。

● 用边框固定烤漆玻璃时，玻璃要与边框留有间隙，该间隙用以适应玻璃热胀冷缩的变化，大致以 5mm 为宜。

● 烤漆玻璃完工后，表面应洁净，不得留有油灰、浆水、密封膏、涂料等污痕。

二、镜面玻璃

① 材料特点

- 为提高装饰效果，在镜面玻璃镀镜之前可对原片玻璃进行车边、印花等加工。
- 经过艺术处理后的镜面玻璃，相较于其他品种的玻璃在价格上较为昂贵。
- 镜面玻璃最适用于现代风格的空间，不同颜色的镜片能够体现出不同的韵味。
- 镜面玻璃常用于家居中的客厅、餐厅、书房等空间的局部装饰。
- 镜面玻璃的价格为 150 ~ 280 元 /m^2。

② 材料常见种类

　　镜面玻璃根据色彩的不同，可分为黑镜、灰镜、超白镜、茶镜及色镜等，彩镜包含了多种颜色，如紫色、金色、蓝色、红色、酒红色等，但在家居空间中使用较少。

③ 材料的设计与搭配

镜面玻璃的恰当使用很重要

　　不论哪一种镜面玻璃，都不适合大面积使用，特别是反射效果强烈的明镜，会产生过多的影像重叠，使人感觉混乱。另外，彩色镜面玻璃，可通过搭配不同的材料，来强化风格特征，如白墙搭配黑镜，在现代感之外显得更具质感，不会显得过于直白、平淡。

▲ 客厅电视墙上部分使用超白镜进行设计，不仅扩大了空间的视觉面积，也增添了一些低调的华丽感

④ 材料的施工与运用

镜面玻璃墙的施工步骤

确定设计方案

● 确定设计方案后，选择玻璃的种类，并根据方案完成相应的加工处理，如是否需要做车边或印花处理等。

基层安装

● 将墙面处理平整后，根据设计方案，选择是否安装龙骨盒背板，若玻璃面积较大，建议安装龙骨后再钉装衬板；若玻璃面积小，可在基层上直接固定衬板。

确定玻璃固定方式

● 当玻璃墙小于1200mm×1200mm时，可采用胶粘法或用框固定；当镜面玻璃的面积较大时，为了安全考虑，可采用多种方式组合固定，如胶粘加框架等。

弹线

● 基层安装完成后，需根据设计图纸的位置、尺寸弹线。
● 若玻璃块数较多，则应精确弹出每一块的具体位置。

固定玻璃

● 组合粘贴小块镜面时，应按弹线从下逐步向上粘贴，块与块的对缝处需涂少许玻璃胶。

收边

● 用木质或金属压条对镜面玻璃进行收边操作。
● 压条接触玻璃处，应与裁口边缘齐平。压条应互相紧密连接，并与裁口紧贴。

施工贴士

● 有的墙面材质不适合直接采用粘贴法固定镜面玻璃，包括发泡材质、硅酸钙板和粉墙等。

● 在浴室内，当镜面玻璃采用直接粘贴在墙面的施工方式时，防水涂料应涂刷至天花板。

● 包边设计的镜面玻璃，包边部分与镜面的交接处，应严密、无缝隙。

● 拼装设计的镜面玻璃，对缝应整齐、均匀、严密。

三、艺术玻璃

① 材料特点

- 艺术玻璃将玻璃的特有质感和艺术手法相结合，款式千变万化、多种多样，且图案可定制，具有浓郁的艺术感。
- 艺术玻璃的款式多样，具有其他材料没有的多变性。
- 艺术玻璃的选择种类很多，不同风格的家居可以按需选择。
- 艺术玻璃的运用广泛，可用于屏风、门扇、窗扇、隔墙、隔断等部位及墙面的局部装饰。
- 艺术玻璃根据工艺难度不同，价格高低比较悬殊。

② 材料常见种类

类别		特点	价格（元/m²）
印刷玻璃		可将任何计算机上的图案印刷在玻璃上，图案半透明，既能透光又能使图案融入环境，色彩靓丽、效果逼真	150~500
夹层玻璃		在两片或多片玻璃之间，加入中间膜或纸、布、丝、绢等制成的一种复合玻璃，具有独特的装饰性，抗冲击性能强，碎裂不伤人	100~600
雕刻玻璃		可在玻璃上雕刻各种图案和文字，雕刻图案的立体感较强，分为透明和不透明两种	120~300
彩绘玻璃		在玻璃上喷雕各种图案再加上色彩制成，画膜附着力强，擦洗不掉色	280~420

③ 材料的设计与搭配

用适当图案可提升风格特征

艺术玻璃的图案可根据需求进行定制，在进行室内设计时可充分利用该特点，选择与室内风格相协调或相同的图案设计玻璃，将其用在醒目的位置上。这种设计方式，不仅可使装饰风格更突出，还可增加艺术感、提升品位。

▲ 用仙鹤图案的艺术玻璃设计墙面，使空间的新中式风格特征更突出

施工贴士

● 艺术玻璃大多带有图案，安装前必须进行质量验收。检查玻璃是否有裂纹、磕碰、是否磨边、夹层玻璃是否有密封，尺寸、图案是否符合订货单的要求等。

● 在图案类的艺术玻璃，在安装时，应按照图纸仔细裁割，拼缝必须吻合，不允许出现错位松动和斜曲等缺陷。

● 施工结束后需进行检查，艺术玻璃安装必须平整、牢固、无松动现象。

注：艺术玻璃的施工步骤可参考烤漆玻璃部分的方法。除此之外，当装饰墙面时，还可采用不锈钢夹件固定法：背板之上固定不锈钢夹件，用夹件固定玻璃，适合分块较多且重量轻的艺术玻璃。

四、空心玻璃砖

① 材料特点

- 空心玻璃砖是一种隔声、隔热、防水、节能、透光良好的非承重装饰材料。
- 空心玻璃砖分为无色和彩色两大类，适合多种风格的室内空间。
- 多数情况下，空心玻璃砖并不作为饰面材料使用，而是作为结构材料，作为墙体、屏风、隔断等类似功能设计的材料使用。
- 中国、印度生产的无色产品约为 20 元 / 块，德国、意大利生产的约 30 元 / 块；彩色产品以德国、意大利进口为主，约为 50 元 / 块，特殊品种则约 100 元 / 块。

② 材料常见种类

空心玻璃砖根据使用玻璃品种的不同，可分为雾面砖、光面砖和压花砖等。雾面砖采用磨砂或喷砂玻璃制作，有双雾面和单雾面两种，透光不透视，可保证隐私性；光面砖采用完全透明的光面玻璃制作，适合用在隐私性不强的区域；压花砖采用压花玻璃制作，装饰性较强，较适合用在隐私性不强的区域。

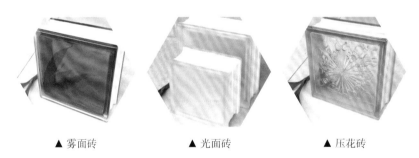

▲ 雾面砖　　　　　　▲ 光面砖　　　　　　▲ 压花砖

③ 材料的设计与搭配

设计时可充分发挥创意

空心玻璃砖可设计为隔墙，既能分区、遮挡，又能保持通透感。除此之外，也可以将玻璃砖有规则地点缀于墙体之中，能够去掉墙体的死板、厚重之感，墙体还可以充分利用玻璃砖的透光性，将光线共享。还可以利用玻璃砖来处理地面和吊顶，营造出晶莹剔透之感。

▲ 使用无缝壁布设计的墙面，更具整体感，且经得起细节的考验

④ 材料的施工与运用

空心玻璃砖的施工步骤

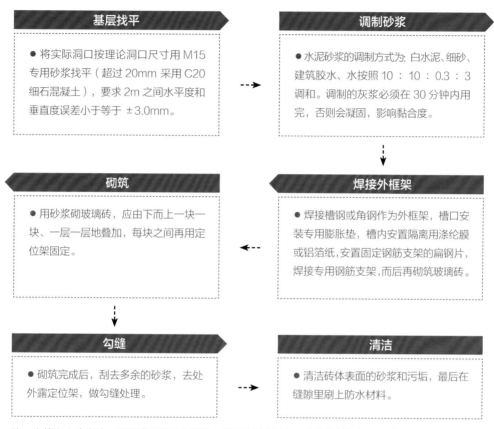

基层找平

● 将实际洞口按理论洞口尺寸用 M15 专用砂浆找平（超过 20mm 采用 C20 细石混凝土），要求 2m 之间水平度和垂直度误差小于等于 ±3.0mm。

调制砂浆

● 水泥砂浆的调制方式为：白水泥、细砂、建筑胶水、水按照 10：10：0.3：3 调和。调制的灰浆必须在 30 分钟内用完，否则会凝固，影响黏合度。

砌筑

● 用砂浆砌玻璃砖，应由下而上一块一块、一层一层地叠加，每块之间再用定位架固定。

焊接外框架

● 焊接槽钢或角钢作为外框架，槽口安装专用膨胀垫，槽内安置隔离用涤纶膜或铝箔纸，安置固定钢筋支架的扁钢片，焊接专用钢筋支架，而后再砌筑玻璃砖。

勾缝

● 砌筑完成后，刮去多余的砂浆，去处外露定位架，做勾缝处理。

清洁

● 清洁砖体表面的砂浆和污垢，最后在缝隙里刷上防水材料。

注：砌筑空心玻璃砖，还可采用无框砌筑法，即不使用外框架，将焊接外框架这步替换成焊接专用钢筋支架，其余步骤均相同。这两种施工方法可根据施工场地的特点具体选择。

施工贴士

● 当隔断长度或高度 > 1.5m 时，在垂直方向每两层应设置一根钢筋（当长度、高度均超过 1.5m 时，设置两根钢筋）；在水平方向每隔三个垂直缝设置一根钢筋。钢筋伸入槽口不小于 35mm。

● 空心玻璃砖施工时不能重重敲打或者用力撬开；砖之间的接缝大小要控制在 1～3cm。

● 在空心玻璃砖和墙的两侧和顶部的衔接处要用金属制的槽口，厚度应比玻璃砖大 1～1.8cm。

五、喷砂玻璃

① 材料特点

● 喷砂玻璃表面经过击打后会形成凹凸不平的毛面，能使光线透过时形成散射的效果，从而形成朦胧感。

● 喷砂玻璃为常见的一种装饰玻璃，成本低于磨砂玻璃，在室内装饰中被广泛运用。

● 喷砂玻璃的装饰效果独特，光线通过玻璃后可变得柔和、不刺目，同时透光不透视，既能保证采光，又能满足隐私性需求。

● 喷砂玻璃根据喷砂图案处理方式的不同，价位为 50 ～ 200 元 /m²。

② 材料常见种类

喷砂玻璃可分为全喷砂玻璃、条纹喷砂玻璃和电脑图案喷砂玻璃等三种类型。全喷砂玻璃里层全部进行喷砂处理，具有很好的保护隐私的作用；条纹喷砂玻璃的喷砂部分呈条纹状分布，表面平整光滑、有光泽；电脑图案喷砂玻璃可制作图案，且图案可定制。

▲ 全喷砂玻璃　　　　　▲ 条纹喷砂玻璃　　　　　▲ 电脑图案喷砂玻璃

③ 材料的设计与搭配

可设计为门、隔断、屏风或墙面

喷砂玻璃具有朦胧的光影效果，非常适合设计为门玻璃，如采光不佳的卫浴间或衣柜门等；除此之外，还可用来设计隔断、屏风及墙面。门玻璃适合使用全喷砂玻璃，隔断、屏风和墙面则可根据设计需要进行款式的选择。

▲ 使用图案喷砂玻璃作隔断，既保证了居室的通透性又提升了品质感

❹ 材料的施工与运用

喷砂玻璃隔断的施工步骤

画线

- 先在地面画出位置线，再用垂直线法在墙上或者柱上弹出位置和高度线，若是有框玻璃隔断，还应标出竖间隔和固定点的位置。

下料

- 下料时，反复地核对现场的尺寸，以确保各部分安装连接位置的准确性。
- 将框架部分需要的材料按照尺寸进行裁切。

固定玻璃

- 将喷砂玻璃用压条或玻璃胶，固定在框架预留的玻璃槽内。
- 压条固定适合较厚的玻璃；玻璃胶固定适合厚度较薄的玻璃。

组装框架

- 组装喷砂玻璃隔断时，需根据玻璃的尺寸采取不同的方式：小隔断先在平地上组装好，然后再整体安装固定；大隔断须直接沿地、沿顶建立，从隔断的一端开始安装。

清洁

- 喷砂玻璃隔断安装完成后，对玻璃表面及框架进行清理，应保证玻璃及框架表面干净整洁。

注：玻璃隔断除了可以采取框架式安装外，若设计方案没有框架，可采取吊挂式安装法固定玻璃，操作方法为：在天花顶部玻璃槽设置玻璃夹固定玻璃，下部玻璃槽预留伸缩缝。适合没有框架的大型玻璃隔断。

施工贴士

- 喷砂玻璃隔断的骨架与墙、顶、地的固定应保证牢固度。
- 玻璃安装完成后应注意周边的密封，打密封胶要认真、无遗漏，尤其是边角部位。
- 喷砂玻璃隔断框架若为型钢材料，在安装之前则一定要做好防腐处理。
- 拼型的喷砂玻璃隔断，其玻璃的尺寸测量，除认真、仔细外，还需考虑留缝、安装及加垫等问题。

第六节
皮革

一、天然皮革

① 材料特点

- 天然皮革具有自然的粒纹和光泽，表面纹路自然、细腻，柔软度好、手感舒适。
- 天然皮革的染色性好，具有光泽感，可塑性强，纹路色彩丰富。
- 天然皮革厚度较厚，通常都大于 1mm，耐折、耐磨，成型后不易变形。
- 天然皮革有部位差，形状大小不一，损耗大，表面有天然瑕疵，受潮容易发霉。
- 天然皮革的价格为 200 ~ 2000 元 /m^2。

② 材料常见种类

天然皮革按层次分类可分为全粒面革、修面革及二层革等。全粒面革能展现出动物皮自然的花纹美，耐磨、透气性良好，是皮革中的榜首；修面革对带有伤残或粗糙的革面进行了修整，几乎失掉原有的表面状态，耐磨性和透气性比全粒面革差；二层革是厚皮用片皮机剖层而得，牢度、耐磨性较差，是同类皮革中最廉价的一种。

③ 材料的设计与搭配

可提升室内装饰的品质感

天然皮革具有无可比拟的光泽感和手感，但其幅面有天然的限制性，且使用面积过大后也容易让人感觉单调，更建议将其用在背景墙部位，即可起到提升室内装饰整体品质感的作用。

▶ 不同颜色的天然皮革设计在沙发墙上，与皮质家具搭配，彰显品质感和高级感

④ 材料的施工与运用

天然皮革软包墙的施工步骤

基层检测

● 施工前应先检查软包部位基层情况，如墙面基层不平整、不垂直、有松动开裂现象，应先对基层进行处理，墙面含水率较大时应干燥后施工作业。

弹线

● 根据设计图纸的要求，把软包造型墙的实际分格尺寸在墙面上弹出，并校对位置的准确性。

裁料

● 按照软包墙设计要求的分块，并结合布料的规格尺寸，进行用料计算，并根据数据对填充料（一般为 3 ~ 5mm 厚海绵）的套裁。

安装衬板

● 根据墙面情况决定是否制作木龙骨架，若制作木龙骨架，完成后需钉装一层衬板；若不制作木龙骨，直接在墙上钉装一层衬板。

型条软包安装

● 先将型条按设计图纸要求固定在墙面的衬板上，而后在型条的中间填充海绵，将皮革覆盖在海绵表面，用塞刀把皮革塞在型条里，将皮革抻平整。

预制块软包安装

● 根据图纸将每一部分的造型做成单独的软包块；将预制好的软包板背面满刷乳胶，粘贴在墙面的基层衬板上，边框再用气钉枪加固。气钉的间距一般为 80 ~ 100mm。

注：天然皮革除了可以采用软包法施工外，还可以设计为硬包墙面，施工步骤可参考人造皮革部分的内容。

施工贴士

● 安装衬板完成后，应进行检查，要求应平整、固定牢固，钉帽不得凸出面板。

● 制作预制块时，皮料在下料时应每边长出 50mm 以便于包裹绷边。

● 注意同一房间内使用的天然皮革，必须用同一卷材料和相同部位的产品。

● 完工后，对软包墙面进行检查，软包的棱角应方正，周边弧度应一致，填充应饱满、平整，无皱折。

二、人造皮革

① 材料特点

- 人造皮革是一种外观、手感似天然皮革，并可代替其使用的材料。
- 人造皮革由人工成分制造，可任意调制色彩，因此色彩比天然皮革的选择范围广。
- 人造皮革不存在天然皮革大小、部位差等情况，且幅面可定制。
- 人造皮革的表面粒纹细致、颜色均匀，无起皮、裂纹现象，厚薄一致。
- 人造皮革有一定的韧性、强度、耐磨性和耐寒度。手感柔软、有弹性，但触感整体不如天然皮革。
- 人造皮革没有天然毛细孔，所以透气性差，低温变硬后会导致龟裂和手感变差。

② 材料常见种类

类别		特点	价格（元/m²）
PVC 人造皮革		强度高，加工容易，成本低廉，近似天然皮革，具有柔软、耐磨等特点，耐油性、耐高温性差，低温柔软性和手感较差	100 ~ 600
PU 人造皮革		是PVC人造皮革的早期代替品，透气性、柔韧性、手感、外观等方面，几乎与天然皮革相仿，但整体性能不如PU合成皮革	200 ~ 800
PU 合成皮革		应用范围广、品种多，更接近天然皮革的质感，不会变硬、变暗，色彩丰富，定型效果好，强度高，薄而有弹性，柔软滑润，透气透水性好，并可防水	200 ~ 1000

❸ 材料的设计与搭配

（1）幅面比天然皮革大，可设计为大版面

人造皮革为人工产品，幅面可以进行定制，因此在设计时，对尺寸的限制性较小，当墙面面积较大，某部分造型需要设计为大版面时，就可以选择用人造皮革来装饰。

◀ 白色人造皮革设计的软包背景墙，搭配金色软装，华丽而高雅

（2）利用纹理塑造独特效果

人造皮革有很多表面用压延法制作的款式，有立体圆形、菱形、做旧褶皱等多种纹路设计，追求华丽感或个性效果时，可选择用此类人造皮革做装饰。需注意的是，当皮革的纹理较突出时，造型就不宜过于复杂，以简洁的大块面为主最佳。

◀ 将表面略带做旧感和褶皱的人造皮革设计为背景墙，个性且不乏高级感

④ 材料的施工与运用

人造皮革硬包墙的施工步骤

基层检测

● 施工前应先检查墙面基层的情况，如墙面基层不平整、不垂直，有松动开裂现象，应先对基层进行处理，墙面含水率较大时应干燥后施工作业。

弹线、安装衬板

● 根据设计图纸的尺寸和造型，将硬包墙面的造型设计，以弹线的形式落实在基层上。
● 安装龙骨架、衬板或仅安装衬板。

裁切皮革

● 根据硬包造型的设计图纸，计算出皮革的使用数量。
● 根据硬包造型设计和施工方式，对皮革进行裁剪。

安装

● 成卷铺装：人造革可成卷供应，当较大面积施工时，可进行成卷铺装。但需注意，人造革卷材的幅面宽度应大于横向木筋中距 50 ~ 80mm；并保证基面五夹板的接缝须置于墙筋上。
● 分块固定：根据造型设计，将皮革固定在夹板上，制作成硬包块，而后将其分别固定在墙面的底板上。安装硬包块时应先进行试拼，达到设计要求的效果后，再将其基层固定在一起。适合施工面积较小或分块造型较多的情况。

清洁

● 皮革硬包造型完成后，可开始安装贴脸或装饰边线。
● 除尘清理，钉粘保护膜和处理胶痕。

注：天然皮革除了可以采用硬包法施工外，还可以设计为软包墙面，施工步骤可参考天然皮革部分的内容。

施工贴士

● 如果担心因潮湿影响皮革的使用寿命，可对墙面做一层防潮处理，如铺贴一毡二油防潮层或涂刷防潮涂料等，并对龙骨涂刷防腐涂料。

● 衬板通常使用 9 ~ 12mm 的多层板，用气钉将衬板固定在木龙骨上。

● 龙骨及衬板施工完成后，应对其质量进行检查，合格再进行下一步。要求使用的龙骨、衬板、边框应安装牢固，无翘曲，拼缝应平直。

● 皮革硬包工程结束后，进行质量检验，表面应平整、洁净，无凹凸不平及皱褶。纹理应清晰、无色差，整体应协调美观。

第三章
地面材料

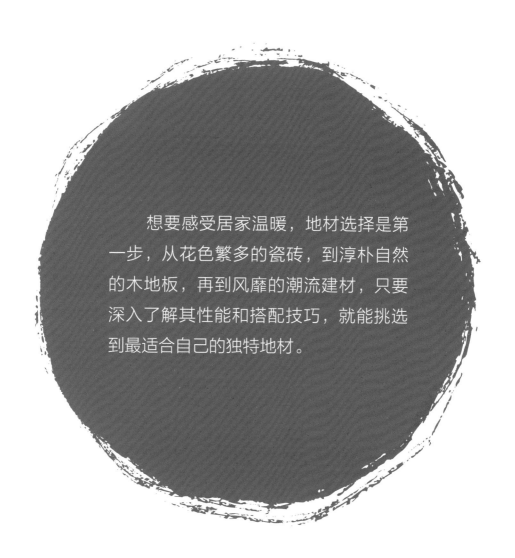

想要感受居家温暖，地材选择是第一步，从花色繁多的瓷砖，到淳朴自然的木地板，再到风靡的潮流建材，只要深入了解其性能和搭配技巧，就能挑选到最适合自己的独特地材。

第一节
地板

一、实木地板

① 材料特点

- 实木地板基本保持了原料自然的花纹，脚感舒适、使用安全，且具有良好的保温、隔热、隔声、吸声、绝缘性能。
- 实木地板的缺点为难保养，且对铺装的要求较高。
- 实木地板基本适用于任何家庭装修的风格，但用于乡村、中式、田园风格更能凸显其特征。
- 实木地板因木料不同，价格上也有所差异，一般为 400 ~ 1000 元 /m^2，较适合高档装修的家庭。

② 材料常见种类

实木地板按照色泽分类，可分为浅色、中间色和深色三种类型，浅色实木地板如加枫木、水青冈（山毛榉）、桦木等，中间色如红橡、亚花梨、柞木、铁苏木（南美金檀）等，深色如香脂木豆（红檀香）、紫檀、柚木、棘黎木（乔木树参、玉檀香）等。

③ 材料的设计与搭配

根据空间功能选择木地板的强度

一般来讲，木材密度越高，强度也越大，质量越好，价格当然也越高。但不是家庭中所有空间都需要高强度的实木地板，客厅、餐厅等这些人流活动大的空间可选择强度高的品种，如巴西柚木、杉木等；而卧室则可选择强度相对低些的品种，如水曲柳、红橡、山毛榉等；而老人住的房间则可选择强度一般，却十分柔和温暖的柳桉、西南桦等。

▲ 老人房中选用强度一般的桦木地板，体现出沉稳质感的同时，也不失温暖、柔和的氛围

❹ 材料的施工与运用

实木地板的施工步骤

材料拆包

● 实木地板在铺设前宜拆包堆放在铺设现场1～2天，使其适应环境，以免铺设后出现胀缩变形。

防潮处理

● 铺设应做好防潮措施，尤其是底层等较潮湿的场合。防潮措施有涂防潮漆、铺防潮膜、使用铺垫宝等。

底层涂料

● 实木地板常用的施工方式有龙骨铺设法和毛地板铺设法两种，可根据需要选择适合的铺法。
● 龙骨铺设法：铺好龙骨，而后在龙骨上直接铺设地板。适合抗弯强度足够的实木地板。
● 毛地板铺设法：先铺好龙骨层，而后在上边铺毛地板，毛地板与龙骨固定，再将地板铺于毛地板上。适合所有种类的实木地板。

打龙骨

● 龙骨应选用握钉力较强的落叶松、柳安等，间距一般不超过40cm。
● 龙骨安装应平整牢固，切忌用水泥加固，应使用膨胀螺丝、美固钉等固定。

安装踢脚线和压条

● 地板铺设并质量检查完成后，安装踢脚线及压条。

施工贴士

● 铺设实木地板前要注意地面的平整度和高度是否一致，若差距过大，应先进行找平处理。

● 为保证实木地板铺装得足够结实，应确保地板接缝都在木龙骨上。

● 实木地板不宜铺得太紧，四周留0.5～1.2cm的伸缩缝，为热胀冷缩预留充足的空间，可避免因板块挤压而起拱或变形。

● 铺设完成后，对铺装质量进行检查，应无翘曲、变形问题。可用2m直尺靠在地板上验收，平整度误差应不大于3mm。可多抽几处测量，如果合格率在80%以上就视为合格。

● 实木地板铺设完成之后要先试着走一走，确定实木地板是否没有声音，如有声音要及时校正。同时应确认房门是否能够顺利开关。

二、实木复合地板

❶ 材料特点

● 实木复合地板的加工精度高，具有天然木质感、容易安装维护、防腐防潮、抗菌等优点，并且相较于实木地板更加耐磨。

● 实木复合地板如果胶合质量差会出现脱胶现象；另外实木复合地板表层较薄，生活中必须重视维护保养。

● 实木复合地板和实木地板一样适合客厅、卧室和书房的使用，厨卫等经常沾水的地方少用为好。

● 实木复合地板价格可以分为几个档次，低档的板价位为 100 ～ 300 元 /m²；中等的价位在 150 ～ 300 元 /m²；高档的价位在 300 元 /m² 以上。

❷ 材料常见种类

实木复合地板根据结构，可分为三层实木复合地板和多层实木复合地板两种类型。三层实木复合地板最上层为实木拼板或单板，中间层为实木拼板，下层为底板；多层实木复合地板以实木拼板或单板为面板，以胶合板为基材制成的实木复合地板，每一层之间都是纵横交错的结构，是复合地板中稳定性最可靠的一种。

❸ 材料的设计与搭配

根据家居环境选合适的实木复合地板

实木复合地板的颜色确定应根据面积的大小、家具颜色、整体装饰格调等而定。例如，面积大或采光好的房间，用深色实木复合地板会使房间显得紧凑；面积小的房间，用浅色实木复合地板给人以开阔感；家具颜色偏深时可用浅色实木复合地板进行调和、家具为浅色可用深色实木复合地板形成对比等。

▲ 采光好的空间（左图）使用深色实木复合地板，更具紧凑感；小面积空间（右图）使用浅色实木复合地板，显得更开阔

④ 材料的施工与运用

实木复合地板的施工步骤

地面找平

- 地面水平误差不能超过 2mm，若超出就需做找平处理。抹 20mm 厚的 1：3 水泥砂浆找平，压光，保证表面平整，无凹凸现象。

防潮处理

- 待找平层干燥后，在地面铺设好防潮垫，其厚度为 3mm 最佳，需铺平，接缝处要并拢但不能重叠，接口处用宽胶带密封。

预排

- 在正式开始铺装前，先进行一次预排。将颜色、纹理相近的地板放在一处，按照铺设方向摆好，查看效果，确定无误后，再开始正式铺装。

铺设地板

- 实木复合地板常用的安装方式为悬浮铺设法，除此外也可采用直接粘贴法或毛地板铺设法。
- 悬浮铺设法：先铺垫层，而后在垫层上直接铺设地板。
- 毛地板铺设法：可参考实木地板。
- 直接粘贴法，即环保地板胶铺装法。
- 无论采取何种方式铺设，均应错缝安排板块，这样交叉铺设不易松动，地板拼合后需用工具敲紧。

安装踢脚线和压条

- 地板铺设并质量检查完成后，安装踢脚线及压条。

施工贴士

- 为了让两块地板之间的接口更牢固，安装前可在地板的横竖两面接口处涂上专用的固定胶水。安装时从侧面敲打，可让接口更好地固定。
- 安装踢脚线时，接头要做得紧密、平齐，且要保证能压住地板和墙之间的缝隙。
- 地板靠墙处应留出 9mm 空隙，以利通风。在地板和踢脚板相交处，如安装封闭木压条，则应在木踢脚板上留通风孔。
- 实木复合地板安装完之后，需要注意验收，主要包括查看实木复合地板表面是否洁净、无毛刺、无沟痕、边角无缺损，漆面是否饱满、无漏漆，铺设是否牢固等问题。

三、强化地板

① 材料特点

- 强化地板具有应用面广，无须上漆打蜡，日常维修简单，使用成本低等优势。
- 强化地板的缺点为水泡损坏后不可修复，另外脚感较差。
- 强化地板较适合用于简约风格的家居风格。
- 强化地板的应用空间和实木地板、实木复合地板基本相同，较适合家居中的客厅、卧室等，不太适用于厨卫。
- 强化地板的价格区间较大，50 ~ 280 元 /m² 的均有，质量中上等的价格在 90 元 /m² 以上。

② 材料常见种类

强化地板有水晶面强化地板、浮雕面强化地板、拼花强化地板及布纹强化地板等类型的产品。

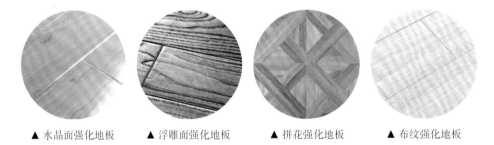

▲ 水晶面强化地板　　　▲ 浮雕面强化地板　　　▲ 拼花强化地板　　　▲ 布纹强化地板

③ 材料的设计与搭配

强化地板适用于实用、便捷的家居装修

如今人们越来越追求实用、便捷的家居风格，因此简约风格的家居大受欢迎。而强化地板的特质恰好满足了居住者的个性化装修需求。因其无须上漆打蜡，为居住者节省了大量的养护时间。另外，强化地板价格低廉，却具有耐磨、防滑、耐压的特点，非常实用。

▲ 强化地板十分适合用来设计简约风格的家居环境，色彩可选择性丰富，实用且便于清洁

④ 材料的施工与运用

强化地板的施工步骤

地面找平

● 若地面水平误差超出标准要求，需先做找平处理，待找平层干燥后再铺设强化地板。

清洁地面

● 铺装地板前，需要对地面进行彻底的清洁，待地面无灰尘、杂物才可开始铺装强化地板。

铺设地板

● 取一块地板，与地面保持 30°~45°角，将榫舌贴近上一块地板的榫槽，贴紧后轻轻放下，用羊角锤和小木块沿着地板边缘敲打，使地板拼接紧。如地板仍出现翘起，可在地板表面靠近边缘处敲打。

铺设防潮层

● 待找平层干燥后，在地面铺设好防潮垫，其厚度为 3mm 最佳。
● 将防潮地垫沿着墙边铺设到地面，与墙边必须贴紧，不能留出多余的缝隙，两块地垫之间也必须贴紧。接缝处并拢但不能重叠，接口处用宽胶带密封。

预留踢脚线位置

● 在铺装时，以相同厚度的小木块或小块踢脚线搁置在墙壁与地板之间，这样预留出踢脚线的位置。

安装踢脚线和压条

● 地板铺装完成后，分别安装踢脚线和压条。
● 完工后，对地面进行彻底的清理。

施工贴士

● 因强化地板的厚度较薄，所以铺设时必须保证地面的平整度，一般平整要求地面高低差不大于 $3mm/m^2$。

● 铺设时，地板的走向通常与房间的长度方向一致（或按设计要求），自左向右逐排铺装；凹槽向墙，地板与墙之间放入木楔，保证伸缩缝隙为 8~12mm。当墙有弧形、柱脚等时，就按其轮廓切割前排的地板。

● 门与地面之间应留有间隙，保证安装后留有约 5mm 的缝隙。

四、竹木地板

① 材料特点

- 竹木地板无毒、牢固稳定，具有超强的防虫蛀功能。
- 竹木地板虽然经干燥处理，减少了尺寸的变化，但因其是自然型材，所以还是会随气候干湿度变化而产生变形。
- 竹木地板具有竹子的天然纹理，给人一种回归自然、高雅脱俗的感觉。
- 竹木地板的热传导性能、热稳定性能相对比其他木制地板好，加上其冬暖夏凉、防潮防水的特性，因此特别适宜做热采暖的地板。
- 竹木地板的价格差异较大，300 ~ 1200 元 /m² 的皆有。

② 材料常见种类

竹木地板可分为实竹平压地板、实竹侧压地板、实竹中衡地板、竹木复合地板及重竹地板等类型。除竹木复合地板为竹、木混合材质外，其他均为纯竹材地板。

▲ 实竹平压地板　　　▲ 实竹侧压地板　　　▲ 实竹中衡地板　　　▲ 重竹地板

③ 材料的设计与搭配

色彩和质感是竹木地板在室内设计中需要考虑的双重属性

竹木地板的色彩主要绿色、本色以及碳化色三种，绿色竹木地板给人以安静、清新的感觉，让人联想起竹林、春天等；而本色竹木地板却能给人以一种温暖、愉悦的感觉。另外，通过竹木地板的质感可以获得或苍劲古朴或风雅自然的氛围。总之，竹木地板的色彩和质感是室内设计中需要考虑的双重属性。

▲ 空间内面积胶小，使用本色亮光竹地板，让空间显得宽敞、明亮

④ 材料的施工与运用

竹木地板的施工步骤

处理地面

- 平整地面，用水泥浆抹平并干透。
- 再用沥青漆涂刷地面 1～2 道，并干透。

--→

清理地面

- 铺装地板前，需要对地面进行彻底地清洁，待地面无灰尘、杂物才可开始铺装强化地板。

铺装

- 悬浮式：充分考虑到地板与竹木地板的伸缩因素，利用竹木地板四面企口相拼接在一起。省时、省工、省料、省钱，拆装自如。适合气温变化小的地区。
- 固定式：先打龙骨架，而后在龙骨上铺上一层防潮层，而后铺装毛地板再安装竹地板。适合潮湿或温差大的地区。
- 安装竹地板时，应自左向右或自右向左逐徘依次铺装，凹槽向墙，地板与墙之间放入木楔，留足伸缩缝。
- 拉线检查地板的平直度，安装时随铺随检查，检查出问题应随时进行调整。

←--

确定铺设方式

- 竹地板的施工方式通常有悬浮式和固定两种。
- 可根据设计及施工现场的情况，具体选择适合的安装方式。

安装踢脚线和压条

- 地板铺装完成后，分别安装踢脚线和压条。
- 完工后，对地面进行彻底的清理。

--→

施工贴士

- 铺设竹木地板时需注意，地板与墙壁之间要有 8mm 以上预留缝，防止挤压；背面不得用胶水。华东、华南地区，地板不能拼装得太紧，需预留 0.5mm 的间距；中国东北及西北地区，地板之间以自然接合为佳。
- 卫浴、厨房和阳台与竹木地板的连接处应做好防水隔离处理；另外，竹木地板安装完毕后 12 小时内不要踏踩。
- 采用固定铺设法所使用的木龙骨、垫木、毛地板等必须做防腐、防蛀、防火处理。
- 应使用 1.5cm 厚度的竹地板做踢脚板，安全缝内不能留任何杂物。

五、PVC 地板

① 材料特点

- PVC 地板具有质轻、尺寸稳定、施工方便、经久耐用等特点。
- PVC 地板的不足之处是不耐烫、易污染，受锐器磕碰易受损。
- PVC 地板的花色、图案种类繁多，可以根据家居风格任意选择。
- PVC 地板的材质为塑胶，因此怕晒也怕潮，不建议用于阳台、卫浴的地面铺设，容易引起翘曲和变形。
- PVC 地板的价格低廉，一般为 60 ～ 250 元 $/m^2$。

② 材料常见种类

总体来说，PVC 地板可分为 PVC 片材地板和 PVC 卷材地板两类。片材铺装相对卷材简单，维修简便，接缝多，整体感相对于卷材差；卷材地板接缝少，整体感强，卫生死角少，正确铺装因产品质量而产生的问题少，但对地面的反应敏感程度高，维修较困难。

③ 材料的设计与搭配

木纹产品更具高档感

PVC 地板的花色品种繁多，如纯色、地毯纹、石纹、木地板纹等，甚至可以实现个性化定制。纹路逼真美观，配以丰富多彩的附料和装饰条，能组合出绝美的装饰效果。但在家居环境中，建议选择木纹的款式，会有仿实木地板的感觉，显得高档一些。

◀ 接缝选择白色材料焊接，使 PVC 木纹地板的整体观感更接近于地板

④ 材料的施工与运用

PVC 地板的施工步骤

清洁地面

● 清除基层表面的起砂、油污、遗留物及尘土和沙粒等。

- - - →

自流平施工

● 地面彻底清理干净后均匀滚涂一遍界面剂，而后进行自流平施工。

↓

铺装

● PVC 地板施工有粘贴法和锁扣连接两种方式，前者适合卷材或普通片材，后者适合锁扣型厚片材。

● 粘贴法：用水溶性胶水满涂在地面基层上，使用齿型刮刀来控制胶水用量。将 PVC 地板铺贴在地面上，用胶与地面连接在一起。此种铺装方式，缝隙处理可采取重叠搭接法，而后将重叠部分割掉再与基层粘结；也可采用焊接方式处理接缝，即在接缝处开 V 形槽，将热熔焊条嵌入到槽中，使用焊枪焊接。

● 锁扣连接：两块地板之间通过板块自带的锁扣连接在一起。

← - -

弹线定位

● 根据设计图案、PVC 地板规格、房间大小，进行分格、弹线定位。

● 地板铺贴前按线干排、预拼并对板进行编号。

排气

● 采取粘贴法施工完成后，先用软木块推压表面进行排气，随后用钢压辊均匀滚压并及时修整翘处。

● 若接缝采用焊接，需在排气完成 24 小时后，再操作。

- - - →

注：自流平施工对铺设 PVC 卷材地板来说是非常重要的一步，详细操作可参考亚麻地板施工步骤部分的内容。如铺设的为 PVC 片材地板，引其对地面平整度的要求没有卷材那么高，若不方便用自流平找平，也可采取水泥砂浆的方式进行找平。

施工贴士

● 铺装 PVC 地板前，需使用含水率测试仪检测基层的含水率，基层的含水率应小于 3% 才可施工。

● 用 2m 靠尺检测，高低落差小于 2mm 为合格，否则应进行找平。

● PVC 地板施工前，应将其置于现场放置 24 小时以上，使材料温度与施工现场一致。

● PVC 卷材地板应与地面粘贴牢固，脱胶面积不能超过 5%。

六、软木地板

① 材料特点

- 软木地板与实木地板相比更具环保性，隔声、防潮效果也更好一些，可以带给人极佳的脚感。另外，如需搬家，可以完整剥除软木地板，做到循环利用。
- 软木地板的花色选择非常多，因此适用于各类家居风格。
- 软木地板具有柔软、舒适的特性，可有效减轻意外摔倒造成的伤害。
- 软木地板的价格为 300 ~ 1200 元 $/m^2$ 之间，较适合豪华装修。

② 材料常见种类

软木地板可分为纯软木地板、漆面软木地板、贴面软木地板及多层复合软木地板等类型。纯软木地板脚感最佳，非常环保；漆面软木地板有高光、亚光与平光三种漆面；贴面软木地板表面贴有 PVC 或聚氯乙烯，纹理更丰富也更易打理；多层复合软木地板工艺先进，质地坚固、耐用。

▲ 纯软木地板　　▲ 漆面软木地板　　▲ 贴面软木地板　　▲ 多层复合软木地板

③ 材料的设计与搭配

厨房也可放心使用

软木地板缓冲性能非常好，且柔软，在老人房和儿童房使用软木地板能够避免因摔倒而产生的磕碰和危险，为家人提供更安全的环境。而软木地板与其他地板的最大区别是防潮性能好，所以在开敞式的厨房中，也可以放心地使用，可以让厨房更美观，更具品位。

▲ 开敞式的厨房内，地面使用带有渐变色的软木地板，搭配灰色和白色为主的橱柜，时尚、个性又不失家的温馨，彰显品位和个性

④ 材料的施工与运用

软木地板的施工步骤

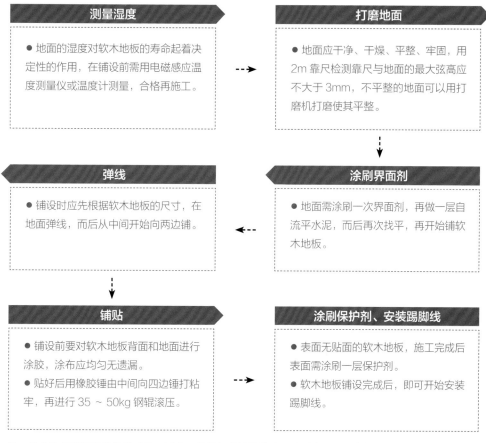

测量湿度

● 地面的湿度对软木地板的寿命起着决定性的作用，在铺设前需用电磁感应温度测量仪或温度计测量，合格再施工。

打磨地面

● 地面应干净、干燥、平整、牢固，用2m靠尺检测靠尺与地面的最大弦高应不大于3mm，不平整的地面可以用打磨机打磨使其平整。

弹线

● 铺设时应先根据软木地板的尺寸，在地面弹线，而后从中间开始向两边铺。

涂刷界面剂

● 地面需涂刷一次界面剂，再做一层自流平水泥，而后再次找平，再开始铺软木地板。

铺贴

● 铺设前要对软木地板背面和地面进行涂胶，涂布应均匀无遗漏。
● 贴好后用橡胶锤由中间向四边锤打粘牢，再进行35～50kg钢辊滚压。

涂刷保护剂、安装踢脚线

● 表面无贴面的软木地板，施工完成后表面需涂刷一层保护剂。
● 软木地板铺设完成后，即可开始安装踢脚线。

注：软木地板除了片状的款式外，还有一种锁扣连接的款式，此种产品不适合粘贴，需要采用悬浮法来铺装，具体施工步骤可参考强化地板的施工步骤。

施工贴士

● 湿度测试的方法为：随机测量5个点，并用塑料薄膜将四边封住，1小时后检查湿度值，湿度应小于20%，如果湿度超标，应等地面干燥以后再进行。

● 房间内如果原来就铺有地砖或者地板，想要换成软木地板，可以直接加铺，不用去除基层。

● 胶粘剂要求用专用的环保水性胶，滚涂时要均匀，且越薄越好（特别需要注意的是对潮湿的地方或有地暖的地方不要用万能胶，以防起鼓和开胶）。

七、亚麻地板

❶ 材料特点

- 亚麻地板的花纹和色彩由表及里纵贯如一，能够保证地面长期亮丽如新。
- 亚麻地板在温度低的环境下会断裂，并且不防潮。
- 亚麻地板较适合用于客厅、书房和儿童房，但因原料多为天然产品，表面虽做了防水处理，防水性能仍不理想，因此不适合用在地下室、卫浴等潮气和湿气较重的地方，否则地板容易从底层腐烂。
- 亚麻地板的价格较高，一般为 180 ~ 700 元 /m²，较适合高档装修。

❷ 材料常见种类

亚麻地板根据表面花色的不同，可分为单色亚麻地板和混色亚麻地板两种类型。单色亚麻地板颜色单一，可单独拼贴，也可与其他单色组合拼贴，较容易搭配；混色亚麻地板由两种或两种以上的颜色组成，具有比较丰富的色彩变化，适合做不同形状的拼贴。

▲ 单色亚麻地板   ▲ 混色亚麻地板

❸ 材料的设计与搭配

可为家居环境带来丰富变化

亚麻地板的色彩丰富，装饰性极强，其自然的花纹、丰富的色彩使亚麻地板受到很多人的青睐；另外，亚麻地板还可以根据自身的喜好来进行组合拼贴，为家居环境带来变化。且亚麻地板一旦投入使用，将会在它整个生命周期中保持不变的色泽，使其历久弥新。

▲ 宽敞的餐厅空间中，地面采用多种色彩的亚麻地板与白色顶面和墙面组合，活泼、时尚，还具有促进食欲的作用

④ 材料的施工与运用

亚麻地板的施工步骤

打磨地面

- 打磨初始地面，有突出的凹凸应重点打磨，打磨后地面高差应控制在2m内小于2mm。打磨后的地面应平整、干燥、坚硬光滑。

界面剂施工

- 将水性界面剂搅拌后均匀滚涂在清扫干净的地面上，如发现局部发白、漏涂，可局部再滚涂一次，以确保底涂封闭无遗漏。

打磨修整

- 在完全干燥且在铺设亚麻之前，对自流平地面使用打磨机进行精细打磨。
- 对施工接缝处，使用角磨机进行局部打磨修整。

自流平施工

- 将自流平摊铺于处理完毕的地面上，使用刮齿刮板进行刮赶，平均厚度控制在3mm，如发现低洼处，应立即补充砂浆，并压平。而后使用针式放气辊筒进行反复滚压，排除气泡。

裁切地板

- 在切割卷材时，要适当预留卷材直接上墙代替踢脚线的长度。
- 地板裁切后需在施工现场预铺至少4小时，以恢复地板记忆性，使温度与施工现场保持一致。

铺贴

- 在上胶前，地面基层必须完全清洁。水溶性胶水需满涂在地面基层上，使用齿型刮刀来控制胶水用量。
- 按同一方向铺设地板。在接缝处开V形槽，将热熔焊条嵌入槽中，使用焊枪焊接。

施工贴士

- 铺装完成后，需如PVC地板一般进行排气，并在进行排气的同时，用铁轮均匀擀压，对于地板接缝及墙边用小压滚擀压。
- 铺装亚麻地板时需注意，不能将接缝对接过紧，也不可使缝隙过大；标准以可插进一张复印纸为宜。

第二节
地砖

一、釉面砖

❶ 材料特点

● 釉面砖的色彩图案丰富、规格多；防渗，可无缝拼接、任意造型，韧度非常好，基本不会发生断裂现象。

● 由于釉面砖表面可以烧制各种花纹图案，风格比较多样，因此可以根据家居风格进行选择。

● 釉面砖的应用非常广泛，但不宜用于室外，因为室外的环境比较潮湿，釉面砖就会吸收水分产生湿胀。釉面砖主要用于室内的厨房、卫浴等墙面和地面。

● 釉面砖的价格和抛光砖的价格基本持平，为 40 ~ 500 元 /m^2。

❷ 材料常见种类

釉面砖根据制作材料的不同，可分为陶制釉面砖和瓷质釉面砖两类。陶制釉面砖背面颜色为红色，由陶土烧制而成，吸水率高，强度相对较低；瓷质釉面砖背面颜色为灰白色，是由瓷土烧制而成的釉面砖，吸水率较低，强度相对较高。

❸ 材料的设计与搭配

多样纹理可改变厨卫的平淡感

釉面砖有着丰富的纹理，一些小面积的厨房或卫浴间，使用白色或浅色的瓷砖做装饰，总是让人感觉有些平淡，可以使用釉面砖进行拼花设计，还可在墙面局部或地面使用花砖，来增强个性，改变平淡感。

▶ 地面使用了白底黑花的釉面砖，使厨房在素雅、洁净之中不乏个性美

④ 材料的施工与运用

釉面砖的施工步骤

浸水

- 开始施工前，先将釉面砖充分浸水 3 ~ 5 小时。
- 浸水时间要均衡。不均衡导致瓷砖平整度差异较大，不利施工。

处理基层

- 清除表面污垢、凹凸不平的地方，然后用水泥砂浆（比例 1:3 ~ 1:4）混合找平，找平厚度为 7 ~ 12mm，找平层完全干爽后再铺贴。

弹线、拉线

- 排砖完成后，在干爽的找平层上弹出釉面砖位置线及砖缝位置线。
- 在竖向定位的两行标准砖之间分别拉平整控制线，以确保砖的水平度。

确定排砖方案

- 根据设计要求，确定排砖方案，排砖应从上至下排列。
- 若缝宽无具体要求，可按 1~2mm 计算。

铺贴

- 釉面砖可用胶粘剂铺贴也可用水泥砂浆铺贴。
- 以线为标准，将砖位置准确地贴于润湿的找平层上，用小灰铲木把轻轻敲实。

勾缝、清洁

- 贴完并检查后，用勾缝胶、白水泥或白水泥擦缝。
- 铺贴完成后，用布将缝的素浆擦匀，砖面擦净。

施工贴士

- 若采用错位铺贴的方式，需要注意在原来留缝的基础上多留 1mm 的缝。
- 铺贴转角时，阴角磨边应先用玻璃刀划出要磨掉的釉面，而后再打磨，以免崩瓷，影响美观。
- 铺贴釉面砖使用的水泥，强度不能超过 42.5，以免拉破釉面，产生崩瓷。
- 釉面砖完工后，不要用包装箱的纸覆盖地面，以免包装箱被水浸泡，有机颜料污染地面，造成清理麻烦，可使用无色的蛇皮袋覆盖地面。

二、仿古砖

❶ 材料特点

● 仿古砖技术含量要求相对较高，数千吨液压机压制后，再经千度高温烧结，使其强度高，具有极强的耐磨性，经过精心研制的仿古砖兼具了防水、防滑、耐腐蚀的特性。

● 仿古砖的搭配需要花心思设计，否则风格容易过时。

● 仿古砖能轻松营造出居室风格，十分适用于乡村风格、地中海风格等家居设计中。

● 仿古砖适用于客厅、厨房、餐厅等空间，也有适合厨卫等区域使用的小规格砖。

● 仿古砖的价格差异较大，一般的有 15 ～ 450 元 / 块，而进口仿古砖还会达到每块上千元。

❷ 材料常见种类

仿古砖从花色上来分，可分为单色砖和花砖两种类型。单色砖以单一颜色为主，能很好地营造出简洁但不失风格特点的装饰效果；花砖多以装饰性的手绘图案进行表现，可用于提升风格化的特点，如地中海风格、西班牙风格等。

▲ 单色仿古砖　　　　　　　　　　▲ 花砖仿古砖

❸ 材料的设计与搭配

可用花砖或不同色彩的砖做分区

在多数户型中，客厅和餐厅都是位于一个空间内的，铺贴仿古砖也会选择全部整体铺贴，此时，可在两个空间的交界处或者一个空间的周边，设计一些花砖或不同色彩的砖做拼贴，既可丰富地面层次，又可从视觉上对功能区做一个划分。

▲ 客厅和餐厅之间，用不同色彩的砖拼贴，丰富了地面层次，同时又具有分区的作用

❹ 材料的施工与运用

仿古砖的施工步骤

确定铺贴方案

● 常用的仿古砖铺贴方式，除了横平竖直的铺贴方法之外，还有"人字贴""工字贴""斜形菱线""切角砖衬小花砖""地砖配边线"铺贴等方式，铺贴前需先确定方案，并设计好图纸。

清理、找平

● 铺仿古砖前，应对铺贴的建筑物表面进行处理，消除表面附着的污物，并洒水滋润。
● 清理完成后，用水泥砂浆混合，对地面进行找平处理。

泡水

● 将仿古砖置入清水中浸泡，以不冒出气泡为准。使瓷砖充分吸收水分，防止干燥瓷砖在装修完成后再次吸水造成砖体变形。

弹线

● 用一段较长的细线，根据确定的铺贴方式，在线上涂上颜色或白灰，然后在找平的基面上画出仿古砖的位置及砖缝的参考线。

涂抹砂浆

● 浸泡好的瓷砖抹干水渍，在找平层上喷洒足够的水,砖背面均匀抹水泥砂浆，厚度 5 ～ 6cm 为宜，大规格的仿古砖可适当加厚。

铺贴

● 将砖贴在基面上，用木锤轻轻拍牢平整，并随时用直尺找平。
● 贴完一定面积后，用填缝剂在砖缝上填补刮平,最后将砖面的污物清理干净。

施工贴士

● 设计仿古砖的方案时应注意，尽量不要出现小于三分之一的窄列。须加工切割的，以切割后瓷砖剩下的部分大于三分之二整砖宽度为宜。

● 在铺贴方案确定后，一定要进行预铺，对于预铺中可能出现的尺寸、色彩、纹理误差等进行调整、交换，直至达到最佳效果。

● 铺贴仿古砖时，应顺着砖底的标志或箭头方向铺，尤其是"原边砖"应特别注意这一点。

三、玻化砖

❶ 材料特点

- 仿玻化砖是所有瓷砖中最硬的一种，在吸水率、边直度、弯曲强度、耐酸碱性等方面都优于普通釉面砖、抛光砖及一般的大理石。
- 玻化砖经打磨后，毛气孔暴露在外，油污、灰尘等容易渗入。
- 玻化砖较适用于现代风格、简约风格等家居风格之中。
- 玻化砖适用于玄关、客厅等人流量较大的空间地面铺设，不太适用于厨房这种油烟较大的空间。
- 玻化砖的价格差异较大，40 ~ 500 元 /m² 均有。

❷ 材料常见种类

玻化砖可分为微粉砖、渗花型抛光砖、多管布料抛光砖三种类型。微粉砖耐磨、耐划、吸水率低、性能稳定、质地坚硬；渗花型抛光砖颜色鲜艳、丰富，但毛气孔大，不适合用于厨房等油烟大的地方；多管布料抛光砖色彩丰富，吸水率低，纹理清晰。

❸ 材料的设计与搭配

高光泽度提升空间的光影变化

玻化砖的一大特点，就是具有较高的光泽度，适合铺设在客厅、餐厅等空间。对于一些采光不好的客厅空间，选择高光泽度的玻化砖非常合适。通过阳光的反射，玻化砖可以提升空间的整体亮度，并可将客厅的设计映衬到砖面，改变光影变化。

◀ 像镜面一样的玻化砖，提升了餐厅的亮度，并丰富了光影变化

④ 材料的施工与运用

玻化砖的施工步骤

打蜡

● 玻化砖铺贴前需检查砖体并打蜡，完工后蜡层需进行打磨。

● 清除铺贴面和玻化砖上的污物、浮灰。

弹线

● 清理完成后，用水泥砂浆混合，对地面进行找平处理。

搅拌背胶

● 将玻化砖专用背胶按照说明书要求搅拌均匀，置放 3 分钟后待用，搅好的料 2 小时内需用完。

弹线

● 弹线时，应根据设计要求和砖板块的规格，确定板块铺贴的缝隙宽度。

粘贴

● 用刷子将搅拌好的玻化砖背胶均匀地涂在玻化砖背面，不能漏涂，自然风干；背胶施工环境温度为 5 ~ 40℃。

● 背胶和胶黏剂的涂抹厚度应控制在 5 ~ 8mm，涂抹后需用齿形刮板拉出相互垂直的齿形条状。

打磨

● 玻化砖粘贴完成后，揉压并用木锤或橡皮锤轻敲。

● 粘贴施工完成 3~5 天后，进行填缝施工。饰面砖勾缝注意先勾水平缝再勾竖缝，勾好后要求凹进面砖外表面 1mm。

施工贴士

● 无特别设计规定时，紧密铺贴的缝隙宽度不宜大于 1mm，伸缩缝铺贴缝隙宽度宜为 10mm。

● 铺贴彩色玻化砖建议采用强度等级 32.5 的水泥，白色砖建议用白水泥。

● 铺砖时，应从门口开始，纵向线铺 2 ~ 3 行砖，以此为标筋拉纵横水平线。

● 玻化砖铺贴完成后 24 小时内禁止上人；铺贴完 12 小时后在玻化砖上洒水养护 2 天，养护过后进行勾缝处理；勾缝完成后需再继续养护 2 天。

四、微晶石

① 材料特点

● 微晶石质感晶莹剔透，带有色彩鲜明的层次，不受污染、易于清洗。质地均匀、密度大、硬度高，抗压、抗弯、耐冲击等性能优于天然石材。

● 微晶石既有特殊的微晶结构，又有特殊的玻璃基质结构，质地细腻、柔美。

● 微晶石可根据不同的需求，生产出丰富多彩的色调，弥补天然石材色差大的缺陷。

● 微晶石可直接用于家居空间的地面和墙面，另外由于其避免了弧形石材加工需要大量切削、研磨导致浪费的弊端，可广泛用于圆柱、洗手盆等各类不规则台面的应用。

● 微晶石的价格为 200 ~ 500 元 /m^2。

② 材料常见种类

微晶石按照制作工艺可分为无孔微晶石、通体微晶石和复合微晶石三种类型。无孔微晶石也称人造汉白玉，光泽度高、吸水率为零、可打磨翻新，适合设计柱面、洗手台等；通体微晶石，不吸水、不腐蚀、不氧化、不褪色、强度高；复合微晶石也称微晶玻璃陶瓷复合板，结合了玻化砖和微晶玻璃板材的优点，后两种适合设计墙面及地面。

▲ 无孔微晶石　　　　▲ 通体微晶石　　　　▲ 复合微晶石

③ 材料的设计与搭配

墙地通用，但更适合装饰墙面

微晶石虽然可以墙、地通用，但除了少部分高档的微晶石地砖外，大部分的微晶石很难做到花纹无缝对接，且微晶石光泽度可以达到90%，划伤后很明显，地面使用频率高，容易受损伤，所以更建议用其设计墙面，如背景墙。

▲ 用微晶石装饰背景墙，其独特的光泽感和纹理，为空间增添了亮点，用于墙面也可避免被划伤而影响装饰效果

❹ 材料的施工与运用

微晶石的施工步骤

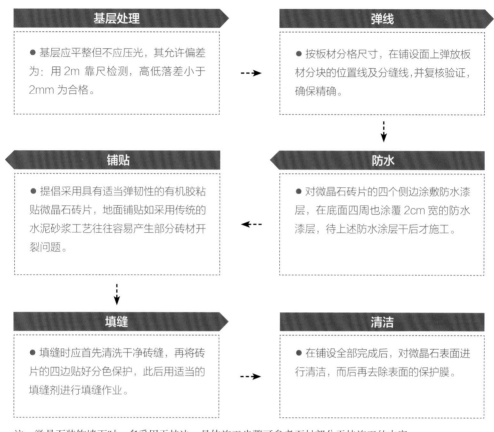

基层处理
- 基层应平整但不应压光,其允许偏差为:用 2m 靠尺检测,高低落差小于 2mm 为合格。

弹线
- 按板材分格尺寸,在铺设面上弹放板材分块的位置线及分缝线,并复核验证,确保精确。

铺贴
- 提倡采用具有适当弹韧性的有机胶粘贴微晶石砖片,地面铺贴如采用传统的水泥砂浆工艺往往容易产生部分砖材开裂问题。

防水
- 对微晶石砖片的四个侧边涂敷防水漆层,在底面四周也涂覆 2cm 宽的防水漆层,待上述防水涂层干后才施工。

填缝
- 填缝时应首先清洗干净砖缝,再将砖片的四边贴好分色保护,此后用适当的填缝剂进行填缝作业。

清洁
- 在铺设全部完成后,对微晶石表面进行清洁,而后再去除表面的保护膜。

注:微晶石装饰墙面时,多采用干挂法,具体施工步骤可参考石材部分干挂施工的内容。

施工贴士

- 微晶石出厂时即已贴好的表面保护胶膜,不但能够防止污染更能阻止沙粒划伤,应等到竣工并彻底清洁处理之后,才揭掉此保护膜。
- 微晶石面层既硬度高又极其致密,质地很像玉石,切割时需防止崩边产生,应使用微晶石专用金刚石锯片或大理石专用金刚石锯片进行切割。
- 施工中需要注意工艺的精细,以保持整体表面的平度和接缝处的吻合。
- 复合微晶石的玻璃面层不吸水,为增强填缝剂的黏性,可添加适量胶粘液。
- 地面铺设若使用水泥砂浆,则需掺入适量的锯末或 108 胶。

五、水泥砖

① 材料特点

● 水泥砖是一种仿水泥质感和色彩制造的瓷砖。它给人一种粗犷、质朴却又不失精致感和细腻感的感觉，特点和设计感突出。

● 水泥砖以灰色系的产品为主，非常易于搭配，可与各种色调的建材和家具进行混搭，也可不同系列之间混搭。

● 水泥砖的吸水率低，常年使用无变色现象。防滑性能比抛光砖优良，而且抗污性强。致密度高，不开裂，高耐磨性，平整度佳。

● 水泥砖的价格一般在 50 ~ 300 元 / m^2。

② 材料常见种类

水泥砖按照表面的光滑程度可分为干粒面、平面、凹凸面和抛光面等四种类型。干粒面砖表面带有明显的颗粒状纹理，凹凸面表面做了不同程度的凹凸处理，均适合装饰地面；平面砖表面没有做任何抛光处理，为质朴的哑光效果，抛光面砖的砖面进行了不同程度的抛光处理，光泽感较强，此两种可装饰墙面和地面。

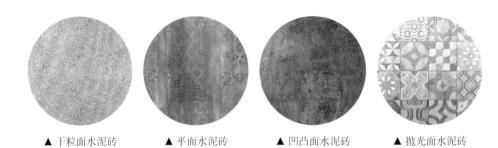

▲ 干粒面水泥砖　　▲ 平面水泥砖　　▲ 凹凸面水泥砖　　▲ 抛光面水泥砖

③ 材料的设计与搭配

拼花可结合铺设位置和面积进行

水泥砖的质感独特，铺设方式与仿古砖类似，非常多样化。在进行花色组合设计时，可从位置和面积来考虑，如大面积地面整体铺设适合素砖或大块面的几何纹理，做边角小面积的装饰则可使用花砖等。

▲ 面积较大的厨房内，使用几何纹理的水泥砖设计地面、搭配白色墙砖，显得空间丰富而整洁

❹ 材料的施工与运用

水泥砖的施工步骤

基层处理

● 应对铺贴的建筑物表面进行处理，消除表面附着的污物，并洒水滋润。

● 清理完成后，用水泥砂浆混合，对地面进行找平处理。

混合砂浆

● 找平结束并干燥后，洒适量的水以利于施工。

● 将强度为 42.5 的水泥和沙以 1 ： 3 的比例混合为砂浆。

确定缝隙宽度

● 根据设计和砖的特点设计好缝隙的宽度，通常为 3 ~ 10mm，5mm 以下的缝隙用十字架固定，5mm 以上的缝隙用板条固定。

抹平砂浆

● 以长约 1m 的木尺打底，将砂浆彻底抹平，而后接放样线，在地面洒上水泥粉并拨弄均匀，再次洒上少量水泥粉，以增加与砂浆的黏着性。

铺贴

● 基底凝实后可开始铺砖，铺贴时按照编号进行，用手轻轻推放以便于排除气泡，而后用小锤敲击至砖体平整，而后用水平尺测量平整度，并进行调整。

填缝、清理

● 贴完一定的面积后，要用填缝剂在砖缝上填补刮平。

● 在铺贴完成 30 分钟后，及时用海绵蘸水将砖体表面的水泥砂浆清理干净。

施工贴士

● 在水泥砖施工完成 12 小时后，用木锤敲击检查空鼓，发现空鼓应立刻返工重铺。

● 铺设的若为花砖，则铺设前应先按照设计图纸进行预排，而后进行编号，避免出现图案错位的问题。

● 竣工后，对水泥砖进行检查，表面应整洁、干净，色泽协调、无色差，整体排布符合设计要求；并无歪斜、缺棱掉角和裂缝等缺陷。

六、马赛克

① 材料特点

- 马赛克具有防滑、耐磨、不吸水、耐酸碱、抗腐蚀、色彩丰富等优点。
- 马赛克的缺点为缝隙小，较易藏污纳垢。
- 马赛克适用的家居风格广泛，尤其擅长营造不同风格的家居环境，如玻璃马赛克适合现代风情的家居；而陶瓷马赛克适合田园风格的家居等。
- 马赛克适用于厨房、卫浴、卧室、客厅等。
- 如今的马赛克可以烧制出更加丰富的色彩，也可用各种颜色搭配拼贴成自己喜欢的图案，所以也可以镶嵌在墙上作为背景墙。

② 材料常见种类

类别		特点	价格（元 /m²）
贝壳马赛克		色彩绚丽、带有光泽，形状较规律，每片尺寸较小，吸水率低，抗压性能不强，施工后，表面需磨平处理	500 ~ 5000
陶瓷马赛克		品种丰富，工艺手法多样，防水防潮，易清洗	80 ~ 450
夜光马赛克		吸收光源后，夜晚会散发光芒，可定制图案，装饰效果个性、独特，很适合小面积地用于卧室和客厅的装饰	550 ~ 1000
金属马赛克		色彩多低调，反光效果差，装饰效果现代、时尚，材料环保、防火、耐磨	200 ~ 2000

类别		特点	价格（元/m²）
玻璃马赛克		色彩最丰富的马赛克品种，花色有上百种之多，质感晶莹剔透，配合灯光更美观，现代感强，纯度高，给人以轻松愉悦之感	120～550
石材马赛克		色彩较低调、柔和，效果天然、质朴，防水性较差，抗酸碱腐蚀性能较弱，需用专门的清洗剂清洗	200～1000
拼合材料马赛克		由两种或两种以上材料拼接而成，最常见的是玻璃＋金属，或石材＋玻璃的款式，质感更丰富	150～600

❸ 材料的设计与搭配

（1）马赛克可用来设计背景墙

马赛克不仅可以用在卫生间中，还可以在其他空间中作为背景墙的主料使用，例如电视墙、沙发墙、餐厅背景墙甚至是卧室。常规的做法是搭配一些墙面造型，使用同系列产品进行设计，个性一些可以用不同材质不同色彩的马赛克拼贴成"装饰画"。

◀ 沙发背景墙使用白色的贝壳马赛克进行设计，简洁中不乏华丽感

（2）马赛克可提升卫浴空间的视觉效果

　　马赛克品种多样，因为尺寸较小，为设计提供了更多的可能性，同时还具有很好的防水性，无论是何种面积的卫浴间，均适合使用，且其独特的装饰性可以迅速提升空间的整体视觉效果。

◀ 使用金色的金属马赛克拼贴主题墙，时尚、华丽而不显庸俗，与大理石搭配，极大地提升了卫浴间内的视觉效果

（3）马赛克能设计成多种造型

　　对于卫浴间内的浴缸、洗手台等，常规的瓷砖只能铺贴成直线条，但马赛克可以突破这一局限。不论浴缸和洗手台砌筑成何种弧度，马赛克都可以很好地进行装饰，而且具有很好的整体性，使洁具等物品与空间完美融合。

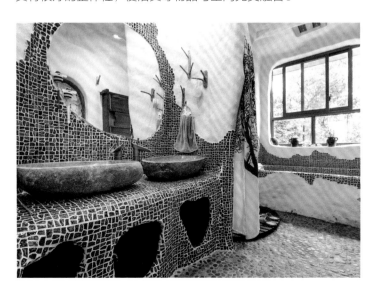

◀ 马赛克可以将台面的边角处理成圆润的弧度，不仅美观，而且更为安全

④ 材料的施工与运用

马赛克的施工步骤

基层找平

● 基层若平整度较差，需用水泥砂浆找平，干后再刮胶黏剂上去贴马赛克，若基层为木板可省去此步骤。

清理基层

● 清除施工作业面的坑包等不平整现象，防止马赛克在施工结束后出现部分凹陷和凸起的问题。

涂胶黏剂

● 将粘贴马赛克用的胶黏剂混合均匀。
● 用方形刮刀在基底上将混合好的胶黏剂刮出齿状肌理。

放样

● 在基层上，用水平仪等辅助，画出施工的轮廓线，要求横平竖直，以避免粘贴时出现歪斜现象。

粘贴

● 将马赛克的网面面向涂抹好胶黏剂的基层，而后直接粘合。注意每片马赛克的距离要保持一致。
● 用橡胶刮板拍打马赛克，使马赛克与基层粘结牢固，同时注意调整平整度。

打磨

● 在胶黏剂凝固前，用调整刀调整好马赛克的位置。而后等待其彻底干燥。
● 将多余的胶黏剂清理干净，而后再用橡胶刮板沿着马赛克对角线的方向将填缝剂填入马赛克缝隙中。

施工贴士

● 放样时，需计算好张数，两线之间保持整张数，并根据设计及马赛克品种留出缝宽。

● 对不同类型的基层，选择的胶黏剂也是有区别的。水泥基层，用白水泥添加 801 胶水或 107 胶水，或使用马赛克瓷砖胶；木板基底，可以用中性玻璃胶，一筒可以贴 $1m^2$ 左右。

● 完工后，对马赛克的铺贴质量进行检查，表面应洁净、纹理清晰，粘贴牢固无空鼓，无歪斜、无掉角、无裂纹等缺陷，接缝填嵌应密实，深浅、颜色一致。

七、仿纹理砖

❶ 材料特点

- 仿纹理砖指仿照各类皮革、布艺、木材等材质的纹理制造的一类瓷砖，皆属于新型产品，可用于装饰墙面和地面。
- 仿纹理砖在制造时，不仅仿照参照材质的颜色、纹理，还会模仿质感，打破了皮革、布艺和木材的使用限制，即使是潮湿区域也能使用，为设计提供了新的思路。
- 仿纹理砖的质感虽独特，但色彩和纹理却较为低调，适合多种风格。

❷ 材料常见种类

仿纹理砖根据表面纹理的不同，可分为木纹砖、皮纹砖和布纹砖等三种类型。木纹砖表面具有天然木材纹理的装饰效果，纹路高度逼真、自然朴实，弥补了木材不能用于潮湿区域的缺点；皮纹砖具有皮革质感与肌理，以及皮革制品的缝线、收口、磨边的特征，是一种可以随意切割、组合、搭配的"皮料"；布纹砖是以布纹为表面纹理效果的一款瓷砖，纹理可素雅，可精致多变。

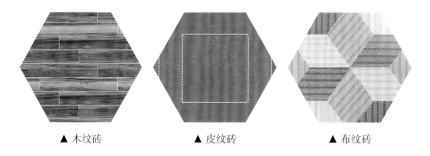

▲ 木纹砖　　　　　▲ 皮纹砖　　　　　▲ 布纹砖

❸ 材料的设计与搭配

可为室内带来独特的装饰效果

使用仿纹理砖做设计时，可以充分利用其纹理和质感的独特性，如木纹砖除了可以铺设干燥区域外，还可用在卫浴间和厨房中，增添温馨感；皮纹砖和布纹砖具有柔和的手感和纹理，除了可以铺设地面外，还可用其设计背景墙，即使搭配简单的造型，也能具有丰富的视觉效果。

▲ 空间内，地面和大部分墙面选择浅灰色的布纹砖，而背景墙部分则搭配了同色系带有图案的布纹砖，形成了时尚但不冷硬的效果

❹ 材料的施工与运用

仿纹理砖的施工步骤

确定铺贴方案

- 纹理砖的铺贴方法十分多样，如木纹砖，就有十几种贴法。在开始施工前，需根据铺贴位置、室内风格等条件确定施工方案。

清理基层

- 对铺贴的建筑物的地面或墙面表面进行处理。
- 消除表面的附着物，而后用半湿水泥沙混合铺平。

挑砖

- 将不同部位的砖挑选出来分类放好。比如说木纹砖同时铺地、上墙，就需要将铺地、贴墙和踢脚线的款式区分开。

弹线

- 用一段长的细线，涂上白灰或墨汁，确定砖的中轴线、缝隙宽度等，在基面上弹出，然后按线贴砖。

浸砖、抹砂浆

- 用自来水或清水浸泡砖，时间不需太长时间，泡湿即可。
- 取出浸泡好的纹理砖，擦干水渍，将水泥砂浆均匀涂抹在纹理砖的背面，砂浆厚度为 20 ~ 30mm。

铺贴

- 铺贴时用木锤轻轻敲击砖面，直至平整、对线整齐为止。
- 木锤敲打避免空敲，力量要均衡，用力避免过大或过小。
- 砖铺贴完成后，进行填缝处理。

注：铺贴时需注意，皮纹砖的砖与砖之间可不采用传统勾缝的处理方式，而是用一根皮纹条替代拼缝，效果会更美观、逼真。

施工贴士

- 铺贴仿纹理砖时，要注意砖的纹理顺序，有方向的砖一定要注意砖底标示的箭头等。
- 铺贴好后的仿纹理砖，其纹理应保持连续性，瓷砖间的缝隙均匀，且无凹凸等不平现象。
- 在填缝前、水泥未干透时，可用水平尺测量平整度，发现问题需及时修整。

八、板岩砖

① 材料特点

- 板岩砖的吸水率低、花色多，颜色分布比天然板岩均匀，且价格比天然板岩低廉。
- 板岩砖具有瓷砖易碎、易破裂，表面强度弱等缺点。
- 板岩砖属于仿古砖，因此较为适合复古家居，但其具有的石材特征，也适用于现代风格的家居。
- 板岩砖适用于客厅、餐厅、厨房、卫浴等空间的墙地面铺设。
- 板岩砖依照窑烧难度、着色方式及硬度的区别，价格为 50~400 元 /m^2。

② 材料常见种类

板岩砖根据制作材料的不同可分为陶瓷板岩砖和石英石板岩砖两类。陶瓷板岩砖颜色分布比天然板岩均匀，防水性能佳，颜料仅在表层存在；石英石板岩砖颜料能够渗透到里层中，破损也不会影响美观，且吸水率低，硬度高，耐磨，能够使用各种清洁剂清理。

③ 材料的设计与搭配

（1）可代替天然板岩做装饰

天然板岩为天然石材，无论是色彩还是纹理，随机性都很强，这也是天然材质受人喜爱的一大原因。但若喜欢板岩的质感、纹理而又觉得石材铺贴等方面不好控制，即可采用板岩砖来代替，其质感和色彩仿照板岩制作，但砖与砖之间的纹理和色彩差距更小，设计时，更有利于装饰效果的控制。

◀ 用绿色的板岩砖、装饰电视墙，为客厅增添了古朴的感觉

（2）根据铺贴面积来选择板岩砖尺寸

用板岩砖做设计时，可以根据空间的面积来选择砖体的大小，通常来说大空间适合选择大块的砖，小面积适合铺贴小块砖，整体效果才会显得协调。卫浴间中因需要倾斜一定的角度以利于排水，所以更适合选择小砖，比较容易铺贴。

▶ 面积娇小的卫浴间内，选择中等尺寸的板岩砖装饰淋浴区，使人感觉比例更和谐，显得室内更宽敞

施工贴士

● 铺设板岩砖时，一般板岩砖的边角并不会如其他砖那么平直，砖与砖仍会有些微的差距，因此需要保留 6mm 的缝隙，以达到整齐的效果。若想要缩小缝隙，可用水刀裁切而后铺贴，缝隙可缩小到 3 mm，但是施工价格也会提高。

● 板岩砖表面仿照板岩制成，表面有凹凸不平的纹理容易残留填缝剂，因此施工时，填缝剂应避免整片涂抹。应用镘刀少量涂抹填缝剂，或采用勾缝方式，用填缝袋直接填缝。

注：板岩砖的施工步骤可参考水泥砖部分的内容，不同之处参考施工贴士。

九、全抛釉面砖

① 材料特点

● 仿全抛釉瓷砖的优势在于花纹出色，不仅造型华丽，色彩也很丰富，且富有层次感，格调高。

● 全抛釉瓷砖的缺点为防污染能力较弱；其表面材质太薄，容易刮花划伤，容易变形。

● 全抛釉瓷砖的种类丰富，适用于任何家居风格；因其丰富的花纹，特别适合欧式风格的家居环境。

● 全抛釉瓷砖运用于客厅、卧室、书房、过道的墙地面都非常适合。

● 全抛釉瓷砖的价格比其他瓷砖略高，大致是 120~450 元 /m^2。

② 材料常见种类

全抛釉瓷砖按釉的品种划分可分为水晶透明或半透明釉、高硬度耐磨釉、金属釉等类别。

③ 材料的设计与搭配

全抛釉瓷砖为家居带来别样风情

全抛釉瓷砖是经高温烧成的瓷砖，因此花纹着色肌理是透明色彩，不是普通瓷砖表面上的粗犷花纹，全抛釉瓷砖色彩鲜艳，花色品种多样，纹理自然。大块的抛晶砖（全抛釉瓷砖的一种）还有"地毯砖"的别称，多数为精美的拼花，可以组合成类似花纹地毯的效果。

◀ 全抛釉面砖质感和透明度高于普通瓷砖，可以提升室内装饰的品质感

④ 材料的施工与运用

全抛釉面砖的施工步骤

浸砖

- 全抛釉瓷砖粘贴前必须在清水中浸泡2小时以上，以砖体不冒泡为准，取出晾干待用。

试铺

- 正式铺贴前应先地面上进行试铺。使色号、尺寸、图案不同瓷砖有一个明确的区分，而后再加以标注，可以避免后面施工中出现图案不对称的问题。

离缝预排

- 铺贴瓷砖的时候，瓷砖和墙体之间会预留1~2mm的灰缝，以防以后瓷砖热胀冷缩导致的脱离现象。

地面处理

- 地面清理干净，可以适量加点水以方便施工。清理完毕就可以用木尺将砂浆抹平，然后再接放样线。可以加一些水泥粉，来增加两者的黏着性。

铺砖

- 铺贴瓷砖时，轻拿轻放，让砖底和贴面保持水平，便于排出气泡。然后用橡胶锤轻敲砖面，让底部的泥浆铺面均匀，从而解决空鼓的现象发生。并时刻保持用水平尺测量。

清理

- 瓷砖铺贴1小时之后，要及时用海绵蘸水清理瓷砖表面的泥浆，避免水泥硬化，难以清理。
- 瓷砖铺贴12小时之后，用木锤及时敲击砖面，检测是否有空鼓的现象。

施工贴士

- 全抛釉瓷砖表面光泽度高，容易导致各种划痕，所以出厂时表面会贴好保护膜，施工时注意一定要保持到竣工完成并彻底清洁处理后，方可揭掉保护膜。
- 在顺序铺贴过程中，下一片砖相对上一片砖的摆放关系没有限制，需要时就顺或逆时针转动90°，也可180°，以求获得满意的整体颜色均匀性，但更建议按底面的箭头方向铺贴。

十、金属砖

❶ 材料特点

● 多数金属砖是在石英砖表面上一层金属釉，少部分是在瓷砖底层原料中加入金属成分制成。除此之外，还有一种是将不锈钢裁切成各种形状制成的，价格较为昂贵，家居中较少使用。

● 金属砖具有光泽耐久、质地坚韧的特点，并且具有良好的热稳定性、耐酸碱性，易于清洁。

● 金属砖可以呈现金、银、不锈钢或锈铁色调，依照表面涂纹不同，有不同的变化。

● 金属砖常用于小空间内的墙面和地面铺设，如卫浴、过道等，且有很好的点缀作用。

❷ 材料常见种类

类别		特点	价格（元/m²）
不锈钢砖		具有金属的天然质感和光泽，多为马赛克形式，有银色、铜色、香槟金等，更适合装饰墙面，在家居空间中不建议大面积使用	300～1000
立体金属砖		仿制立体金属板制成，表面有凹凸的立体花纹，是立体金属板的绝佳替代材料，更适合装饰墙面	150～300
仿锈金属砖		表面仿金属生锈的视觉效果，常见黑色、红色、灰色底，是价格最便宜的金属砖	100～200
花纹金属砖		砖体表面有各种立体感的纹理，具有很强的装饰效果，常见有香槟金、银色、白金及仿铜色等	100～300

③ 材料的设计与搭配

金属砖十分适合现代风格的家居

金属砖比较适用于现代风格的室内空间，因其具有显著的现代特征。设计时，如果选择带有图样的金属砖，能够装饰出类似壁画的效果，且在不同的光线折射下呈现出不同的色泽，视觉清晰度高，非常个性、独特。

◀ 现代风格的卫浴间内，墙面使用银色的金属砖，使风格的现代感更强烈

施工贴士

● 如果选用不锈钢金属砖做设计，需要请专门的有丰富经验的师傅来进行施工。此类砖背后多为一层网状薄膜，需要用特殊的黏胶来进行施工，因此除了师傅外，胶黏剂的品质也是特别需要注意的一个事项，只有好品质的胶黏剂才能保证施工质量和使用年限。

● 带有花纹的金属砖，在铺贴时应注意纹理的方向。在开始铺贴前，可以先进行一次预排，使其到达满意的效果，再开始施工。

注：金属釉面砖的施工步骤可参考水泥砖部分的内容，不同之处参考施工贴士。

十一、抿石子

① 材料特点

- 抿石子具有色泽丰富、样式多变、选择性多等优点。
- 由于抿石子的缝隙较多，因此不易清洗。
- 抿石子所具有的特殊装饰效果，无论用在现代风格的居室，还是乡村风格的居室，或者是和式禅风的住宅均十分贴切。
- 抿石子一般用于客厅和卫浴的局部装饰，也可以用于装饰阳台地面和建筑立面。
- 抿石子因使用原料的不同，产生价格差，价格为 150 ~ 300 元 $/m^2$。

② 材料常见种类

抿石子按照使用材料的不同，可分为单独石子、添加琉璃、添加宝石及添加多种原料等类型，其中仅以石子为原料的做法效果最为质朴，添料越多越华丽。

③ 材料的设计与搭配

用途广泛的抿石子令家居环境更加多样化

抿石子是一种泥作手法，是将石头和水泥砂浆混合搅拌后涂抹于粗坯墙面上，可以依照不同石头的种类与大小色泽变化，展现出独特的装饰感，且可以实现无缝拼接。因此，在家居空间中，抿石既可以装点墙面、地面，也可以作为浴缸外壁的装饰物，甚至还可以作为界定空间时的地面隐性分隔带，用途十分广泛。

▶ 小卫浴间内、使用抿石子与碳化木组合装饰墙面、塑造出了自然、粗犷的效果

④ 材料的施工与运用

抿石子的施工步骤

挑选石子

- 挑选石子，除了选颜色外，还要选尺寸，相比较来说，小尺寸的施工时比好掌控。同时，根据设计需要，挑选搭配用的琉璃或宝石等。

和制土膏

- 将适量水泥放在桶中，开始加入海菜粉浆搅拌，直到桶中全部水泥形成胶状，注意海菜粉浆不要一次加太多，依次少量加入。

铺石子

- 用带齿推刀将土膏平铺于施工面，并用推刀有齿那一侧做出沟痕。干燥后，用尖头推刀将搅拌均匀的抿石子材料平推上去，直到将整个面层都推上抿石子。

搅拌石子、清扫界面

- 在盛放的工具中，依次加入石子、白水泥及石粉，搅拌均匀成泥状。
- 将施工的界面打扫干净，不能有沙子、泥土等。

整平

- 用软推刀将面层完全整平，在整平的过程中如果有空隙，就在那里加一小坨材料，然后继续用软推刀来回整平。整平后等待稍微干燥。

塑形

- 用粗海绵蘸水轻轻擦拭表面，过程中就会带走表面的水泥，反复清洗海绵就可以。然后再换成细海绵，重复以上步骤，直到石子清晰可见。

施工贴士

- 抿石子施工前若是 RC 粗坯需先以水泥砂打底制作粗体；若立面已经水泥粉刷，则必须先打毛，才能施工，否则会有黏着不上的情况产生。
- 抿石子验收主要查看石子间的间隙是否均匀细密、完工后施作表面的平整度，收角、弯角、直线、弧线的表现状况。
- 抿石子施工完成之后若表面看起来雾茫茫的，则表示清洗做得不够好，一般需清洗三遍以上。

其他

一、磐多魔

① 材料特点

- 磐多魔地坪为新型的地面材料,表面没有接缝,色彩图案变化多样,纹路自然、美观。
- 磐多魔地坪的缺点为易吃色、不耐刮,重物拖拉会造成痕迹。
- 磐多魔地坪丰富的颜色可以令设计者有更多创意发挥空间,因此也特别适用于现代风格的家居环境。
- 磐多魔地坪因其有毛细孔,为避免水汽或脏污渗入,因此不适用于卫浴或油烟较大的厨房,另外,磐多魔地坪若是划伤严重,则无法恢复,所以也不适合用于人流较多的大型空间中。
- 磐多魔地坪的价格较高,一般不小于 700 元 /m^2,适合高档装修的家居。

② 材料常见种类

磐多魔地坪根据色彩可分为灰色和彩色两大类,其中灰色在家居空间中使用频率高于彩色的款式;彩色地坪的色彩较为丰富,可任意调配。

③ 材料的设计与搭配

利用磐多魔地坪可发挥无限创意

磐多魔地坪能够提供最多可能性的完美搭配,可以是单色设计,也可以是丰富多彩的创意图形拼接,无缝的随意组合让所有设计就像单块画布所表现出的效果一样。另外,磐多魔地坪除了应用于地面铺装之外,还可以用于墙面,甚至是顶面装饰,运用弹性非常大。

▲ 用灰色的磐多魔设计地面,进一步增强了整体设计的个性感,同时无缝的特点,使效果更美观

❹ 材料的施工与运用

磐多魔的施工步骤

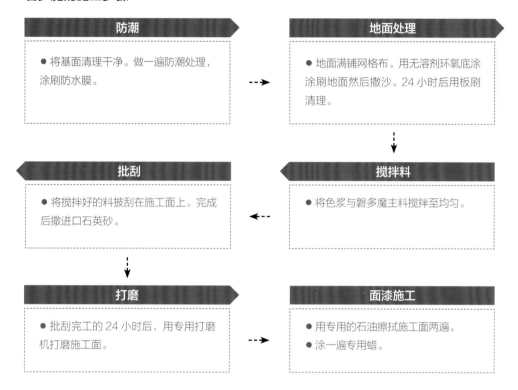

防潮
● 将基面清理干净。做一遍防潮处理，涂刷防水膜。

地面处理
● 地面满铺网格布。用无溶剂环氧底涂涂刷地面然后撒沙。24 小时后用板刷清理。

批刮
● 将搅拌好的料披刮在施工面上。完成后撒进口石英砂。

搅拌料
● 将色浆与磐多魔主料搅拌至均匀。

打磨
● 批刮完工的 24 小时后，用专用打磨机打磨施工面。

面漆施工
● 用专用的石油擦拭施工面两遍。
● 涂一遍专用蜡。

施工贴士

● 磐多魔施工应在封闭的环境下进行，不能开门窗。

● 磐多魔用于墙面时，根据墙面基层材料的不同，处理方式略有区别：水泥墙需涂刷专用界面处理剂，而后用细批土批墙；石膏墙需要先填补缝隙，接缝处粘贴抗裂带，与水泥墙的连接部分用网格布做加强处理，而后用细批土加专用料批墙面；板材墙面同样需要先填补缝隙，接缝处粘贴抗裂带，涂刷一层防水膜来防止板材变形，而后用细批土加专用料批墙面，铺满网格布再开始施工。

● 磐多魔施工时可以添加任颜色的色浆，但注意要搅拌均匀。

● 磐多魔地板的厚度在 5 ~ 10mm，不需要砸除原有的旧地砖就可以施工，可以节省下这部分费用，非常适合房屋改造，虽然价格比较贵，但总地算下来与重新铺设石材等地材的价位差不多，但效果更为独特。

二、水泥地坪

1 材料特点

● 近年来工业风十分流行，使得水泥材质的地坪越来越受到人们的欢迎，此类地坪材料以水泥为原料，具有水泥独有的水墨感和时尚感。

● 水泥地坪用途广泛，适合多种室内风格，如工业风、新中式风格、现代风格等。

● 水泥地坪原料构成简单，不存在对人体有害的物质。

● 水泥地坪以各种灰色为主，粗犷、原始而又具有艺术感，效果独特而个性。

● 大部分的水泥地坪都有一些显著的缺点，如容易起砂、不耐脏等，且养护期的养护很重要，否则容易开裂。

2 材料常见种类

类别		特点	价格（元/m²）
普通水泥地坪		硬度高，价格低。易起灰，易开裂，装饰性差，多用在农村房屋的地面，现在很少使用	40～80
水泥粉光地坪		原料为水泥砂浆，共有两层，表层均匀细腻，不易开裂，即使有裂缝也比较细，除了可装饰地面外还可装饰墙面	100～200
水泥自流平		稍经刮刀展开，即可获得高平整基面，无污染、美观，快速施工与投入使用，分为垫层自流平和面层自流平，前者用于找平，后者可直接作为地材使用	260～460

❸ 材料的设计与搭配

（1）适合工业风和前卫风的空间

　　水泥地坪有着粗犷、原始的质感和个性的装饰效果。并不是所有的室内风格都适合使用，它更适合用在与其有着相同气质的风格中，如工业风格、现代风格及简约风格等。

◀ 水泥地坪搭配水泥板墙，很好地表现出了工业风格粗犷的特点

（2）水泥粉光地坪可设计为一体效果

　　水泥粉光地坪为多界面通用的一类，在设计时，可将其设计为三个界面或两个界面一体式的效果，来增添个性感，如顶面、墙面一体式或墙面、地面一体式等。

▲ 空间中顶面、墙面、地面均使用水泥粉光做法，个性而具有视觉冲击力

❹ 材料的施工与运用

水泥粉光地坪的施工步骤

清理基层、配料

- 基层不可有任何灰尘、杂物。
- 水泥砂浆配比：粗胚层粗胚打底的水泥与砂容积比例为 1 : 3，面层水泥砂浆的配合比应不低于 1 : 2，注意水灰比不能超过 0.8。

结合层施工

- 铺抹面层前，先将基层浇水湿润，第 2 天先浇一道水泥水或涂刷一遍水灰比为 0.4 ~ 0.5 水泥砂浆结合层，随即进行面层铺抹。

粉光层第一遍施工

- 细砂浆搓平后用钢皮抹子紧跟着压第 1 遍。如面层有多余的水分，可适当均匀地撒一层干水泥或干灰砂来吸取表面多余的水分，再压实压光。

粗胚层施工

- 在基层上铺粗胚层的砂浆，厚度为 15mm，随铺随用木抹子拍实，用短木杠按标筋标高刮平。
- 胚打底层完全干后，再上粉光层。

粉光层第二遍施工

- 砂浆开始初凝时，用钢皮抹子压第 2 遍，要压实、压光，不得漏压。第 2 遍压光最重要，表面要清除气泡、孔隙，做到平整光滑。

粉光层第三遍施工

- 水泥砂浆终凝前，再用铁抹子抹第 3 遍。抹压时稍用力，并把第 2 遍留下的抹子纹、毛细孔压平、压实、压光。

施工贴士

- 水泥地坪的养护非常重要，一般夏天 24 小时后开始养护，春秋季节在 48 小时后开始养护。养护方式为洒水保湿。一般养护天数宜为 14 ~ 21 天，高温天气不宜少于 14 天，低湿天气不宜少于 21 天，应特别注重前 7 天的保湿保温养护。
- 完工后进行质检，粉光表面应光滑、洁净、颜色均匀、无抹纹。面层不得有爆灰、裂缝、起砂等现象。用 2m 直尺和塞尺检查，表面误差低于 2mm。

第四章
顶面材料

顶面设计不能只依照功能选用，恰当的顶面造型设计能够提升空间档次。好的造型需要依靠材料才能够实现，再加上合理的设计与灯光照明辅助，就可以打造出更美的家居空间。

第一节
石膏板

一、平面石膏板

① 材料特点

- 平面石膏板具有轻质、防火、加工性能良好等优点，而且施工方便、装饰效果好。
- 不同品种的石膏板使用的部位也不同。如普通纸面石膏板适用于无特殊要求的部位，像室内吊顶等；耐水纸面石膏板适用于湿度较高的潮湿场所，如卫浴等。
- 平面石膏板的价格较低，一般为 40 ~ 150 元 / 张。

② 材料常见种类

平面石膏板可分为普通纸面石膏板和功能性纸面石膏板两大类，均可用于吊顶和隔墙施工，功能性石膏板主要有耐火和耐水两种类型，适合用于有防火或防潮需求的空间。

③ 材料的设计与搭配

石膏板吊顶令室内装饰立体感极强

平面石膏板的表面平整，板块之间通过接缝处理可形成无缝对接，面层非常容易装饰，且可搭配使用的材料非常多样，如乳胶漆、壁纸等。它能够代替木质线条来制作各种石膏装饰板的吊顶，使室内装饰天衣无缝，立体感强，整体性好。

▲ 石膏板的可塑性非常强，且易于施工，可以为顶面带来多样的造型和丰富的层次感

④ 材料的施工与运用

平面石膏板吊顶的施工步骤

弹线

- 根据每个房间的水平控制线确定吊顶标高。
- 在墙顶上弹出吊顶线作为安装的标准线；而后在顶面弹出龙骨分格线。

处理龙骨、安装吊筋

- 木龙骨的表面需均匀涂刷防火涂料，整根见白后再开始钉装。
- 根据设计要求，定出吊杆的吊点位置，而后打眼，安装吊筋。

固定沿墙龙骨

- 用冲击钻在标高线上方打孔，孔内衬塞木楔，将沿墙龙骨钉在木楔上。

拼装龙骨

- 木龙骨应先在地面上进行拼装，拼装面积一般不超过 10 衬。

安装龙骨架

- 用铁丝将拼装好的木龙骨吊直在标高线以上，临时固定，将龙骨慢慢移动至与标高线平齐，然后与吊筋连接固定。
- 整个龙骨连接后，在吊顶底面下拉出对角交叉线，检查调整吊顶的平整度。

固定石膏板

- 用自攻螺钉把石青板铺钉在龙骨上。板材装钉完成后，用石膏腻子填抹板缝和钉孔，待其干燥后，用接缝带或网格胶带等贴好板缝，而后刮腻子，再进行面漆施工。

施工贴士

- 木龙骨吊顶吊点常用膨胀螺栓、预埋件等，吊筋可用钢筋、角钢或方木，吊点与吊筋之间可采用焊接、绑扎、钩挂、螺栓或螺钉等方式连接。
- 对平面石膏板进行施工时，面层拼缝要留 3mm 的缝隙，且要双边坡口，不要垂直切口，这样可以为板材的伸缩留下余地，避免变形、开裂。
- 平面石膏板必须在无应力状态下进行安装，防止强行就位。
- 固定平面石膏板时，应从板中间向四边固定，不可以多点同时作业，固定完一张后，再按顺序固定另一张。

二、浮雕石膏板

① 材料特点

- 浮雕石膏板是以建筑石膏为主要原料，制成的有多种立体浮雕图案、花饰的板材。
- 浮雕石膏板是一种新型的室内装饰材料，适用于中高档装饰，具有轻质、防火、防潮、易加工、安装简单等特点。
- 浮雕石膏板适合装饰顶面和墙面，它与平面石膏板相比，尺寸较小，使用灵活。
- 市面上浮雕石膏板的价格差距不大，通常为 85 ~ 150 元 / 张。

② 材料常见种类

浮雕石膏板根据形状可分为规则板和不规则板两类，规则板如方形板、长方形板或圆形板等，不规则板形状多样。

▲ 规则浮雕石膏板　　　　　　　　▲ 不规则浮雕石膏板

③ 材料的设计与搭配

可与平面石膏板吊顶结合设计

浮雕石膏板施工时，多数情况下直接安装在原顶上，在家居空间中使用数量也比较少，所以很少如平面石膏板一般做骨架式的吊顶设计，为了增加层次感，设计时，可与平面石膏板吊顶组合，如浮雕石膏板用在中间部分，周边搭配平面石膏板吊顶造型等。

▶ 在吊灯上方及周围设计浮雕石膏板，与周边的平面石膏板吊顶，形成起伏的节奏感，使顶面的装饰效果更丰富

④ 材料的施工与运用

浮雕石膏板的施工步骤

清理基层

● 施工前，将基层清理干净。如去除浮灰、不平之处等。保证面层足够平整和整洁。

弹线

● 在安装基面上，弹出浮雕石膏板的安装位置，包括轮廓线、分格线等，若为不规则形状则需多方位定位。

安装浮雕石膏板

● 先在安装面上钻孔，而后在钻孔中塞入塑料膨胀管。
● 在浮雕石膏板背面抹上一层石膏浆或水泥浆，而后就位对孔。用螺栓穿过石预留孔，将石膏板固定在安装面上。

定位安装孔

● 浮雕石膏板一般使用膨胀螺栓固定。
● 安装前，在浮雕石膏板上，将安装孔画出来，而后用钻头将孔钻出。
● 若尺寸较大，则需多设置几个安装孔，以保证安装的安全性。

补钉头孔

● 在膨胀螺栓的钉帽处，用与浮雕石膏板同色的石膏将钉孔补平。

涂饰

● 使用饰面材料，如乳胶漆等，对浮雕石膏板的表面进行相应的涂饰。

注：若采用方形的浮雕石膏板进行大面积吊顶，则应在顶面安装轻钢龙骨骨架，而后再安装板面，具体施工步骤可参考硅酸钙板部分的内容，但此种方式在家居空间中较少使用。

施工贴士

● 在固定浮雕石膏板时，需注意螺栓不宜拧得过紧，过于用力可能会损坏板面，导致开裂或掉茬等问题。也可在钉帽下加块垫圈，增加缓冲力，来避免损坏板面。

● 安装形状规则的浮雕石膏板时，一定要注意对称性，如有歪斜现象，则会严重影响装饰效果。

● 若同时安装多块浮雕石膏板时，建议先在地面上进行一次预排，预排时注意纹理的对接问题，而后编号放置。

三、玻璃纤维增强石膏板

❶ 材料特点

- 玻璃纤维石膏板简称为 GRG，它是一种特殊装饰改良纤维石膏装饰材料，造型具有极强的随意性。
- 玻璃纤维石膏板可制成各种平面板及各种艺术造型，是目前国际上装饰材料界最流行的更新换代产品。
- 玻璃纤维石膏板还具有强度高、质量轻、不变形、不开裂及良好的声波反射性能，且为 A 级防火材料。
- 玻璃纤维石膏板多用来设计以稳定性为主的吊顶，在一般的家居环境中较少使用，多适用于别墅等大户型。在公共场所的装修中，使用频率较高。
- 玻璃纤维石膏板的价格为 300 ～ 600 元 / 个。

❷ 材料常见种类

玻璃纤维石膏板根据使用部位的不同，可分为吊顶和墙板两种类型。吊顶板材主要用来装饰吊顶，有时也可设计为顶、墙一体式结构；墙板主要用来装饰墙面。

▲ 玻璃纤维石膏顶板　　　　　　　　　▲ 玻璃纤维石膏墙板

❸ 材料的设计与搭配

为顶面设计提供了更多的可能性

玻璃纤维增强石膏板在进行设计时，可充分发挥创意，例如设计成单曲面、双曲面、三维覆面各种几何形状及镂空花纹、浮雕图案等任意艺术造型。除此之外，对于个性有要求时，还可做顶、墙一体式造型设计。

▲ 用玻璃纤维增强石膏板设计异形吊顶，安全而又可以满足个性化需求

❹ 材料的施工与运用

玻璃纤维增强石膏板的施工步骤

吊顶高度尺寸复合

● 根据设计图纸吊顶高度要求和顶面管道设备的高低，现场抽点测量，确定设备位置不影响吊顶标高。

配件调整

● 材料到场后，对板块进行质量检查，符合要求后堆放整齐，在施工前先根据排版要求进行背面或底部配件局部调整，并适当加以紧固，满足安装要求。

水平网格支撑架安装

● 工字钢焊接网格，网格间距小于1500mm。
● 与7字形角钢吊杆满焊连接，制成水平面网格状横向支撑架，墙体四周化学膨胀螺栓固定平稳。

角钢吊杆安装

● 5号角钢焊接成7字形，与楼板交接部位钻孔预留，预留孔根据膨胀螺栓直径设置，角钢与楼板采用M10化学膨胀螺栓固定，起到吊杆作用，7字形角钢吊杆间距小于1500mm。

吊杆与水平网格支撑架连接

● 水平网格支撑架根据G.R.G板块背面预埋件尺寸距离和板块距离开孔预留，M10可调节吊杆对应预留孔洞位置穿插并用螺栓固定。

板块安装

● 在对应位置将M10可调节吊杆与板块背面的配件进行连接、调整及安装。配件安装时先不完全固定，全部配件安装完毕后作平整度和纹理图案的调整，边调整边紧固配件，最终将其完全固定。

施工贴士

● 玻璃纤维增强石膏板板块安装的重点是吊杆和板块配件的搭接位置必须精准，应根据板块背面或底部配件位置距离固定吊杆。

● 板块的图案拼花应按设计要求编排整齐，复杂图案需进行编号。

● 玻璃纤维增强石膏板安装完成后，板块间的预留缝应采用改性硅酮密封胶嵌缝，嵌缝深度根据板块厚度决定，一般为0.5～1cm。

一、铝扣板

① 材料特点

● 铝扣板耐久性强，不易变形、不易开裂，质感和装饰感方面均优于 PVC 扣板，且具有防火、防潮、防腐、抗静电、吸声等特点。

● 铝扣板吊顶的安装要求较高，特别是对于平整度的要求最为严格。

● 铝扣板的款式较多，可以适应任何家装风格的装修需求。

● 铝扣板在室内装饰装修中，多用于厨房、卫浴、阳台等空间的顶面装饰。

● 建材市场上的铝扣板品牌不少，价格也不等（30 ～ 500 元/m²），其中优质的铝扣板是以铝锭为原料，加入适当的镁、锰、铜、锌、硅等元素而制成。

② 材料常见种类

家装铝扣板最开始主要以滚涂和磨砂两大系列为主，随着装饰行业的发展，家装集成铝扣板已经非常丰富，各种不同的加工工艺都运用其中，像热转印、釉面、油墨印花、镜面、3D 等系列是近年来广受欢迎的家装集成铝扣板。

③ 材料的设计与搭配

集成铝扣板吊顶更美观

铝扣板吊顶可以自行组装其他的设备，如灯具、排风等，也可直接选择集成铝扣板吊顶，此类吊顶包括板材的拼花、颜色，灯具、浴霸、排风的位置都会设计好，并且包含配套设备，且负责安装和维修，比起选择单片铝扣板再拼接更为省力、美观。

▶ 用带有花边设计的集成铝扣板装饰卫浴吊顶，不仅更具个性，也更具整体美感

④ 材料的施工与运用

铝扣板吊顶的施工步骤

弹线定位

● 根据楼层标高水平线，按照设计标高，沿墙四周弹顶棚标高水平线，并找出房间中心点，并沿顶棚的标高水平线，以房间中心点为中心在墙上画好龙骨分档位置线。

安装吊杆

● 在弹好顶棚标高水平线及龙骨位置线后，确定吊杆下端头的标高，安装预先加工好的吊杆，吊杆安装用帕膨胀螺栓固定在顶棚上。吊杆选用帕圆钢，吊筋间距控制在 1200mm 范围内。

安装边龙骨

● 按天花净高要求在墙四周用水泥钉固定 25mm×25mm 边龙骨，水泥钉间距不大于 300mm。

安装主龙骨

● 主龙骨一般选用 C38 轻钢龙骨，间距控制在 1200mm 范围内。安装时采用与主龙骨配套的吊件与吊杆连接。

安装次龙骨

● 根据铝扣板的规格尺寸，安装与板配套的次龙骨，次龙骨通过吊挂件吊挂在主龙骨上。

安装铝扣板

● 铝扣板安装时，需在装配面积的中间位置垂直次龙骨方向拉一条基准线，对齐基准线向两边安装。

施工贴士

● 厨房安装铝扣板吊顶，需要先固定抽油烟机的软管烟道，确定了位置后，再安装吊顶；卫浴需要先安装浴霸和排风扇，最后才安装吊顶。

● 安装于吊顶上的设备，其位置不能随便安排，切忌把排风扇、浴霸和灯具直接安装在扣板或者龙骨上，一般建议直接加固在顶部，防止吊顶因负载过重而变形掉落。

● 安装完成后，对吊顶整体进行质检。铝扣板的表面应平整、光滑，颜色一致，对花正确；板块之间的接缝应均匀、平直；铝扣板与龙骨连接应紧密、牢固。

二、硅酸钙板

① 材料特点

● 硅酸钙板具有强度高、重量轻的优点，并有良好的可加工性和不燃性，不会产生有毒气体。

● 硅酸钙板安装后更换不容易，安装时需用钢质龙骨，因此施工费用较贵。

● 硅酸钙板是吊顶和轻质隔间的主要板材，但需要注意的是硅酸钙板不耐潮，在湿气高的地方（如卫浴）容易软化；另外若用硅酸钙板做壁材，不宜悬挂重物。

● 硅酸钙板的发源地是日本，约占国内一半市场；另外中国台湾地区和中国内地均有量产。价格上日本产的最高，中国台湾地区产的居中，中国内地产的价格最低。价格区间为 40 ~ 150 元 / 张。

② 材料常见种类

硅酸钙板现有防火用硅酸钙板和装修用硅酸钙板两种类型，防火用硅酸钙板叫作微孔硅酸钙，是一种新式防火材料，被用于墙体的保温隔热和防火隔声；装修用硅酸钙板是室内装修用硅酸钙板的主流，包括墙面系列、吊顶天花系列等类型的产品。

▲ 防火硅酸钙板

▲ 墙面系列板

▲ 吊顶天花系列板

③ 材料的设计与搭配

可设计多种墙面造型

硅酸钙板在少数情况下，也会被直接设计为墙面的造型，而不是仅作为隔墙的结构材料存在。这样设计的硅酸钙板可设计成多种造型，然后在表面涂刷白色或彩色乳胶漆，与墙面形成一个整体。

▲ 硅酸钙板设计为块面造型，既能装饰空间，又能起到隔声、防火的作用

④ 材料的施工与运用

硅酸钙板吊顶的施工步骤

弹线

● 根据楼层标高水平线及房间设计的吊顶标高,沿墙四周弹顶棚底标高水平线,并沿顶棚的标高水平线在墙上划好龙骨分档位置线。

安装吊筋

● 吊筋选用 ϕ 8mm 吊筋,一端与角钢片焊接,另一端钢筋头套 50mm 长的丝扣,并用 ϕ 8mm 的膨胀螺丝固定到结构顶棚上,间距为 1200~1500mm。

安装边龙骨

● 按墙面上的标高线在墙四周用水泥钉固定 25mm×25mm 烤漆龙骨,固定间距不大于 300mm。
● 在安装边龙骨前,需完成墙面的腻子找平处理。

安装主龙骨

● 主龙骨选用 UC38 的轻钢龙骨,间距为 1200~1500mm,安装时采用龙骨配套的挂件与吊筋连接。挂件要与吊杆的套丝固定好,要求螺丝帽超出丝杆10mm。

安装次龙骨

● 根据硅酸钙板的规格尺寸,确定 T 型次龙骨间距为 600mm。安装次龙骨时挂卡件要与主龙骨连接牢固,次龙骨在十字交叉点要求平整过渡,不要出现错台或缝隙较大的情况。

安装硅酸钙板

● 硅酸钙板常选用 600mm×600mm×15mm 的半嵌式板材。
● 安装硅酸钙板时要按顺序依次安装,严禁野蛮装卸,安装时注意不要污染罩面板。

施工贴士

● 主龙骨安装完成后,必须拉线将主龙骨预先调整整齐、标高一致,检查无误后再进行下道工序。

● 当遇到通风管道较大,超过吊杆的间距要求时,采用角钢架做主龙骨。安装吊筋前必须刷好防锈漆。

● 硅酸钙板安装完后,需用布把板面全部擦拭干净,不得有污物及手印等。

三、装饰线

① 材料特点

● 装饰线具有防火、质轻，防水、防潮，不龟裂、防虫蛀、尺寸可根据具体情况定制等优点。

● 装饰线主要被用于装饰顶面与墙面的衔接处，可以使两个界面的过渡更自然，并丰富整体空间的层次感。

● 装饰线也可用来装饰顶面及墙面。适用于在客厅、餐厅、书房、卧室、儿童房等空间中。

● 装饰线板的品种繁多，根据装饰线造型的不同，适用于不同风格的室内环境。

② 材料常见种类

类别		特点	价格（元/根）
石膏装饰线		花纹可选择性较多，造型多样，实用美观，价格低廉，防火，但强度低，摔打易碎，潮湿易发霉、变形，施工时，容易有粉尘污染	8 ～ 35
实木装饰线		档次高，健康无污染，制作麻烦，价格较高，若漆面处理不好，很容易变形、发霉，容易受到虫蛀，保养麻烦	50 ～ 100
PU装饰线		强度很好，可承受正常摔打不损伤，可直接擦洗，防水，重量轻，只有同体积石膏线的1/4到1/5，安装方便，无毒害，低碳环保	30 ～ 80

❸ 材料的设计与搭配

（1）装饰线板是丰富室内层次感的最佳帮手

　　家居空间中，尤其是简装的空间，墙面和顶面之间的衔接过于直白，会产生单调感，这时可采用装饰线来做装饰。还可以同时装饰在墙上或顶上，与墙面和顶面之间的线条形成呼应，使整体装饰的层次更丰富。

◀ 装饰线同时用于顶面和墙面的衔接处、墙面和原顶面上，极大地丰富了空间的层次，也令空间的欧式风情更加浓郁

（2）结合风格选择材质

　　三种常用的装饰线中，石膏线和 PU 线的款式较多，所以适合的家居风格也最广泛，针对不同的风格选择不同图案即可；而实木材质的装饰线，则比较适合欧式、法式或中式风格的居室。

◀ 为装饰线做少部分描金漆，可进一步突显欧式风格的特点，并增添豪华气息

④ 材料的施工与运用

装饰线的施工步骤

定位标记

● 根据楼层标高水平线及房间设计的安装装饰线的标高，找好安装的水平线。
● 找好水平线后，将要安装的线条在墙角用铅笔做好定位。

标记斜线

● 将线板分别放置在左、右墙角处，天花面与贴墙面成 90°，用铅笔在线板上画好标记定位，标记两点之间斜线，角度成为 45°。

裁切、涂胶

● 用裁切工具，按照线板上画好的斜线进行裁切。
● 在线条背面与天花和墙体的接触面涂上 AB 胶水。

粘贴第一条

● 将线条粘贴在墙面上，用力挤压天花面与贴墙面的线条，使其贴得更牢固。
● 用钉枪给线条加固，打钉时注意钉在隐藏之处，如果是水泥墙可用钢钉固定。

对花

● 在装饰线条的切角处接触面上涂满胶水。
● 将涂好胶水的装饰线从左向右平移，使花纹对接，用手挤压固定在墙上。

补缝、涂饰

● 线条拼接的缝隙处，用腻子灰填补。等腻子灰和胶水完全干后，将修补处用砂纸磨平。
● 将接缝处、修补处涂上油漆，或整支线条喷漆。

施工贴士

● 施工完成后，装饰线表面应整洁、干净，无任何损伤。装饰线安装水平度全长的误差不能大于 3mm。阴阳角接缝的棱角要清晰，不能有烂角的状况。

● 着钉的时候钉孔要隐蔽，若有钉头出现，要在不影响表面的情况下用钉冲把钉子钉入。

● 装饰线条的角与角之间要特别注意线与纹路是否吻合，应完全密合。

第五章
门窗五金

门窗是连接每个空间的必备出口，关系着家居的安全，而它们要有五金的辅助才能使用，这些五金材料虽个头不大，但用途广泛且不可或缺，因此了解其特性和用法尤为重要。

一、防盗门

❶ 材料特点

- 防盗门具有防火、隔声、防盗、防风、美观等优点。
- 防盗门一般用于从室外进入室内的第一道门，任何家居风格均适用。
- 防盗门根据材质的不同，价格从百元到千元不等，可根据实际需求进行购买。

❷ 材料常见种类

　　防盗门根据制作材料的不同，可分为铜门、复合门、不锈钢门和铝合金门等。从材质上来比较，铜制防盗门是目前最好的，但价格也最高；复合门的内部为钢板，外部为装饰层，款式多，造型精致，外观比较高档；不锈钢门为传统铁质防盗门的升级版，质量比铁门好，但颜色比较少，价格较高；铝合金门不易褪色，属中档防盗门，给人金碧辉煌之感，色泽丰富，图案和花纹多，方便维修。

❸ 材料的设计与搭配

防盗门必须达到规定安全防护要求

　　防盗门兼备防盗和安全的性能。按照《防盗安全门通用技术条件》（GB 17565—2007）的规定，合格的防盗门在 15 分钟内利用凿子、螺丝刀、撬棍等普通手工具和手电钻等便携式电动工具无法撬开或在门扇上开启一个 615mm² 的开口，或在锁定点 150mm² 的半圆内打开一个 38mm² 的开口。并且防盗门上使用的锁具，必须是经过公安部检测中心检测合格的带有防钻功能的防盗门专用锁。

▲ 选择防盗门，应将安全性放在首位，而后再考虑其装饰性是否与居室风格相符

④ 材料的安装与运用

防盗门的安装步骤

测量门洞

- 先测量门洞尺寸，根据楼道确定开启方向。门洞尺寸应大于所安装门的尺寸，并留有一定的余隙（大约 1.5~3cm），方便安装时调试校正。

修整门洞

- 修正门洞，门洞尺寸不符合要求须用铁锤、钢凿、切割机等工具切割、修平以达到安装要求。

修补墙面

- 门安装完毕后，门框两侧需灌入一定量的水泥砂浆（一般达到 70% 以上），将墙壁修补整齐。

安装

- 把门放进门洞，四周用木栓塞紧，校正水平和垂直度，调试好是否开启灵活，然后打开门扇，用电锤通过门框安装孔中钻好安装孔，逐个用膨胀螺栓紧固好。

注：防盗门除了可以采用膨胀螺栓安装外，还可以在砌筑墙体时在洞口处预埋铁件，安装时与门框连接件焊牢。其余步骤与膨胀螺栓固定相同。

安装贴士

- 膨胀螺栓钻进墙壁的深度要不小于 5cm，冲击电锤的钻头需和膨胀螺栓尺寸符合。
- 门框与墙体不论采用何种连接方式，每边均不应少于 3 个锚固点，且应牢固连接。
- 防盗门门框与门扇之间或其他部位应安装防盗装置。
- 防盗门上的拉手、门锁、观察孔等五金配件，必须齐全。
- 多功能防盗门上的密码护锁、电子报警密码系统、门铃传呼等装置，必须有效完善。
- 防盗门安装完成后，要求与地平面的间隙应不大于 5mm。
- 安装完成后应特别注意检查防盗门上有无开焊、未焊、漏焊等现象，门扇与门框闭合是否密实，间隙是否均匀一致，所有接头是否密实，门板表面是否进行了防腐处理。
- 防盗门的门框上应嵌有橡胶密封条，关闭门时不会发出刺耳的金属碰撞声。

二、实木门

❶ 材料特点

● 经实木加工后的成品实木门具有不变形、耐腐蚀、隔热保温、无裂纹等特点。此外，实木具有调温调湿的性能，吸声性好，从而有很好的吸声隔声作用。

● 因所选用材料多是名贵木材，故价格上略贵。

● 实木门可以为家居环境带来典雅、高档的氛围，根据其造型，适合多种室内风格。

● 实木门可以用于客厅、卧室、书房等家居中的主要空间。

● 实木门的价格一般不低于 2500 元 / 樘，比较适合高档装修的家居。

❷ 材料常见种类

实木门根据所用实木的材料可以分为：原木材料和集成材料两种。原木材料常用的有杉木、松木、核桃木、楸木、桃花芯、沙比利、红翅木、花梨木、红木等；实木集成材（实木齿接材，实木指接材）常用的有松木、楸木、橡木等。

❸ 材料的设计与搭配

实木门的颜色宜与室内色彩相协调

实木门的原料是天然树种，因此色彩和种类很多，在选择颜色时，宜与居室整体风格相匹配。当室内主色调为浅色系时，可挑选如白橡、桦木、混油等冷色系木门；当室内主色调为深色系时，可选择如柚木、沙比利、胡桃木等暖色系的木门。此外，实木门的色彩选择还应注意与家具、地面的色调要相近。除了颜色外，实木门的造型也应与居室装饰风格相一致。

◀ 白色混油的实木门与空间的现代美式风格搭配和谐，且减轻了深色地面和家具的厚重感

材料的安装与运用

实木门的安装步骤

复核现场尺寸

- 将门套横板压在两竖板之上，然后根据门的宽度确定两竖板的内径。
- 将门洞清理干净，去除浮灰、杂物等。

组装门框

- 内径确定后用钉枪将门套组装固定，可选用 5cm 的钢钉直接用枪打入。

支撑门套

- 根据门的宽度截三根木条，取门套的上、中、下三点，将木条撑起。木条的两端应垫上柔软的纸，可防止校正的过程中划伤表面。

将门套放入门洞

- 左右两面固定好后，可用刀锯在横板与竖板连接处开出一个贯通槽。注意门套的正反两面均须开贯通槽，开好后由两人抬起，将门套放入门洞。

固定门套

- 找到配好的连接片，在门套侧面的上、中、下三点分别打上连接片，而后将连接片的另一头固定在墙体上，固定时需将连接片斜着固定在墙体上，以便于后期使用线条将其完全覆盖。
- 空隙处用发泡胶填满。

安装门板、套线

- 门板固定好后取下底部垫的小木板，试着关闭门，调整门左右与门套的间隙。然后依次将连接片与门套、墙体牢牢固定好。
- 最后将门套线固定在门套上后，分别安装门锁和门吸。

安装贴士

- 当门套的宽度大于 200mm 时，应加装固定铁片。
- 门套与门扇间缝隙，下缝为 6 mm，其余三边为 2mm。所有缝隙允许公差不大于 0.5mm。
- 安装完成后及时进行检验，门套与门洞的连接处应严密、平整、无黑缝，门套装好后，应水平、垂直。门扇安装后应平整、垂直，门扇与门套外露面相平；开启无异响，开关灵活自如。

三、实木复合门

① 材料特点

- 实木复合门避免了采用成本较高的珍贵木材，有效地降低生产成本。除了良好的视觉效果外，还具有隔声、隔热、强度高、耐久性好等特点。
- 实木复合门由于表面贴有密度板等材料，因此怕水且容易破损。
- 实木复合门的造型、色彩多样，可以应用于任何家居风格。
- 实木复合门较适合应用于客厅、餐厅、卧室、书房等家居空间。
- 实木复合门比实木门的价格略低一些，更经济实用。

② 材料常见种类

类别		特点	价格（元/樘）
板式门		为密闭型，无透视透光点，门的表面可以雕刻凹线和制作凸线，美观大方，整体性好	1500 ～ 3500
芯板门		在门中间装有一块或多块芯板，具有起凸效果，立体艺术性较强	1400 ～ 2800
全玻门		以玻璃为主体的门扇，具有光线明亮，透体性好的特点，富有较强的艺术性与欣赏性	1200 ～ 2500
半玻门		上半截为玻璃，下半截为板式结构，有适当的透明性，造型比全玻门丰富	1300 ～ 3000

❸ 材料的设计与搭配

根据实木复合门的结构特征应用于不同风格的家居

　　实木复合门从内部结构上可分为平板结构和实木结构。实木结构的复合门线条立体感强、造型突出、厚重，属于传统生产工艺，做工精良，但造价偏高，适合欧式、新中式、乡村等多种经典家居风格。而平板门外型简洁、现代感强、材质选择范围广，色彩丰富、价格适宜，适合现代简约、北欧、现代美式等以简洁为主的风格，可为空间增加活力。

▲ 现代美式空间中选择平板式实木复合门，简洁、现代感强，符合现代美式风格简洁、现代的内涵

安装贴士

　　● 在实木复合门的安装过程中，门套板与墙体间的缝隙一般会使用发泡胶。这层发泡胶不必打得严严实实，虚实相间即可，一般需要 5cm 的间隙，以方便泡沫胶纵向膨胀及通风固化。如果填充过密则会把门套顶出去，与墙黏合不紧密，门套会呈弧形，影响门的闭合。

　　● 安装完成后，查看门扇，门扇关严后与密封条结合紧密，用力摇晃，不摆动。平口合页应于门扇、门套对应开槽，槽口大小与合页相同，三边允许公差为 0.5mm，装合后应平整无缝隙。

注：实木复合门的施工步骤，与实木门相同，可参考实木门部分的内容，这里不再赘述。且施工贴士部分可互相补充。

四、模压门

❶ 材料特点

● 模压木门以木贴面并刷"清漆"的木皮板面，保持了木材天然纹理的装饰效果，同时也可进行面板拼花，既美观活泼又经济实用。

● 模压门具有防潮、膨胀系数小、抗变形的特性，不会出现表面龟裂和变色等现象。

● 模压门的门板内为空心，隔声效果相对实木门较差；门身轻，没有手感，档次低。

● 模压门比较适合现代风格和简约风格的家居。

● 模压门广泛应用于家居中的客厅、餐厅、书房、卧室等空间。

● 模压门的价格较低，适合经济型装修。

❷ 材料常见种类

类别		特点	价格（元 / 樘）
实木贴皮模压门		表面贴为天然木皮的一类模压门板，是模压门板的核心产品，样式最多，纹理最接近实木门	800 ～ 1500
三聚氰胺模压门		特指表面贴饰三聚氰胺纸的模压门板，造价相对便宜，适用于低品质工程装修要求	700 ～ 1200
塑钢模压门		指采用钢板为基材，压成各种花型后，再吸塑做成的 PVC 钢木门板，在市场上占据一定份额，适合做入户门	1000 ～ 1500

❸ 材料的设计与搭配

模压门可以充分满足设计的个性化需求

模压门是采用模压门面板制作的，带有凹凸造型的有木纹或无木纹的一种木质室内门。一般的模压木门在交货时都带中性的白色底漆，如果不能满足设计方面的个性化需求，可以在白色中性底漆上根据居住者的喜好或室内风格的协调性需求再上色。

▲ 白色的模压门与米黄色的墙面相搭配，简洁、大方，又具有很强的明快感，彰显现代美式风格简洁的一面

安装贴士

● 厨房安装模压门门扇时，为避免厨房下坎渗漏水，建议将门框和门扇设立在门槛石上。

● 为美观要求，木地板踢脚线厚度一般为 15mm，因此模压门门套厚度应大于等于地板踢脚的厚度，故门套厚度为 15mm 能取得良好效果。

● 模压门扇完成后，开始安装门锁、门吸，注意门锁安装后，锁片周边需用原子灰修补，最后用油漆修补完善，确保美观。

● 洗手间和厨房的墙面瓷砖应贴平至门洞口，以免模压门门框盖不住瓷砖。

注：模压门的施工步骤，与实木门相同，可参考实木门部分的内容。施工贴士部分可互相补充。

五、玻璃推拉门

1 材料特点

● 玻璃推拉门可以起到分隔空间、遮挡视线、适当隔声、增加私密性、增加空间使用弹性等作用。

● 玻璃推拉门可以增加室内的采光面积，让居室显得更轻盈。

● 玻璃推拉门的材质、款式多样，适合多种室内风格。

● 玻璃推拉门常用于阳台、厨房、卫浴、壁橱等处。

● 玻璃推拉门的价格一般大于等于 200 元 /m^2，材料越好、越复杂的越贵。

2 材料常见种类

玻璃推拉门按照边框材质，可分为木框推拉门、铝合金推拉门和塑钢推拉门等类型。木质推拉门适合多种空间且装饰效果最好，铝合金推拉门和塑钢推拉门装饰性稍差，但防水性好、不易变形，更适合设计在厨房、阳台、卫浴间等空间中。

▲ 木框玻璃推拉门　　　▲ 铝合金玻璃推拉门　　　▲ 塑钢玻璃推拉门

3 材料的设计与搭配

玻璃拉门是节约空间的好帮手

玻璃推拉门仅需要一个滑动轨道便可来回滑动，使用起来非常便捷，同时还具有较好的密闭性，用于厨房，可以有效地防止油烟外泄；用于卫浴，则能防止水花外溅；用于卧室则能很好地进行隔声，是非常实用的软性隔断。

▶ 在厨房和餐厅之间设计一处白色边框的透明玻璃推拉门，使空间显得更开阔、更通透

❹ 材料的安装与运用

玻璃推拉门的安装步骤

裁料

● 核对尺寸,将材料按照现场尺寸进行裁切。

组装轨道盒

● 将挡轨线对拼安装在横挺上,两侧各留 20mm,前后居中。

安装滑轮、限位器

● 安装前,需先把吊轮的螺丝剪短10mm,防止过程影响吊轮滑动。将滑轮放入轨道内后,应测试有无异响。
● 在轨道的边缘部分安装限位器,安装时注意方位的正反,限位器的内槽方向应向里侧。

安装导轨

● 安装前,需将去除导轨的保护膜。
● 导轨之间的宽度由门型决定,导轨组应居中安装。
● 打孔时,应使用 8mm 的钻头制作螺丝窝。安装螺栓时,应保证螺栓不高于导轨,过长可进行裁切。

组装、安装门套

● 组装门套时,轨道盒和竖挺的接触面要对齐。而后在轨道盒两侧与竖挺重叠的部分用钻头打孔,而后用螺栓将两部分连接起来。
● 将门套立于门洞内,用红外水平仪将门框调整至水平与竖直,用木楔固定。

安装推拉门

● 安装底轨道和推拉挂件,挂件应在门扇的中间位置安装。
● 将门扇上的挂件与门套上的滑轨进行组装,若滑动无异常,则用螺栓侧面固定。两扇门均安装完成后,进行调试,保证滑动正常。

安装扣手、L 线

● 安装扣手。扣手安装需平整、到位。
● 清理门洞内的多余的发泡胶,根据测量尺寸裁切 L 线,并将线条卡入门框的槽内,用工具紧扣 L 线,使其安装得结实。

固定门套、安装底部限位器

● 在门套与墙壁的缝隙处打入木楔,将门扇固定住,保证整体不变形。用发泡胶打入门洞内,应注意适量。
● 根据门的自然垂度,在地面画出限位器的位置,注意门扇的平行面应居中。

注:此施工步骤为悬吊式安装法,若采用落地式安装法,将地面的定位器替换为推拉门导轨即可。

六、折叠门

① 材料特点

- 折叠门与推拉门相同的是均沿着横向轨道移动，但折叠门会占据小部分室内面积。
- 折叠门的结构为多扇折叠，可推移到一侧或两侧，适用于各种大小洞口，尤其是宽度很大的洞口，用途比较广泛。
- 折叠门的占地面积小，可有效节约空间，并灵活分隔空间。
- 折叠门具有美观大方、样式新颖、花色多样的优点，适合多种室内风格。
- 折叠门的价格为 400 ~ 1500 元 /m²，价格与用料及门扇的多少有关。

② 材料常见种类

折叠门根据用料的不同可分为玻璃折叠门、铝合金折叠门、木质折叠门和木百叶折叠门等类型。

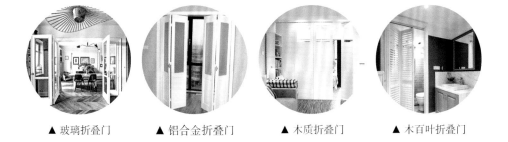

▲ 玻璃折叠门　　▲ 铝合金折叠门　　▲ 木质折叠门　　▲ 木百叶折叠门

③ 材料的设计与搭配

使用折叠门可增加使用面积

折叠门的门扇宽度可以设计得非常窄，因此与推拉门相比，可开敞的范围更广一些。对于同时对采光和使用面积都有需求空间来说，更适合将门设计为折叠门，能够增加室内的采光或使用面积。

▶ 百叶折叠门使客厅的可使用面积更灵活，且通过门的开合程度，可满足不同的光线需求

④ 材料的安装与运用

折叠门的安装步骤

确定安装位置

● 安装前应先确定安装位置。如果安装在厨房或卫浴间内，折叠门应安装在门框中间，如果安装在客厅，可根据设计来确定位置。

裁切

● 根据现场测量的尺寸，将门套、滑轨等材料进行裁切。

● 操作时注意，尽量不要让锯屑进入轨道里。

固定滑轨

● 在确定折叠门开启方向后，用螺栓钉将滑轨固定在墙上或门框上，顺序为先中间后两边。

● 在滑轨固定完成后，解开捆扎的门扇。

将门放入滑轨

● 拿起滑轨，将折叠门在捆扎状态下插入其中，将门推到滑轨的中间，以防安装过程中滑落。

● 根据使用习惯，确认把手方向和简易锁的安装方向，而后安装到位。

打入胶塞

● 将折叠门打开，对照门上吸铁石的位置，确定吸铁板在门框或墙上的位置，用冲击钻打孔，深度约为 4cm，将胶套打入孔中。其他位置依次操作。

固定吸铁板

● 将门扇推到中间，拿起吸铁板，将其上的孔对准胶套孔的中心，将螺栓旋入套中，将吸铁板固定。

● 打开折叠门，将没有把手的一侧与吸铁板吸合。

注：折叠门有悬吊式和落地式两种安装方式，两者的区别为：悬吊式仅固定上轨道，地面部分如推拉门一般，安装定位器即可；落地式安装时上方和地面均需安装轨道。

安装贴士

● 折叠门安装完成后，可采取以下方式检验质量：来回多次推拉门扇，应顺滑无振动；门扇关闭后，门扇与门扇之间应没有明显的缝隙。

● 轨道安装到位前，必须进行清理，不能有杂物，否则会影响门的滑动。

第二节

窗

一、气密窗

❶ 材料特点

- 气密窗有三大功能，水密性、气密性及强度。水密性是指能防止雨水侵入，气密性与隔声有直接的关系，气密性越高，隔声效果越好。
- 气密窗应用时应注意室内空气流动，避免通风不良。
- 气密窗在家居中应用广泛，适合任何风格的家居环境。
- 气密窗可以应用于家居中的客厅、餐厅、厨房、卫浴、阳台等空间，尤其适合儿童房。
- 气密窗的一般价格为 1000 ～ 2000 元 /m²，但有些进口品牌的价格可达 4000 元 /m²。

❷ 材料常见种类

气密窗根据窗框材质的不同，可分为塑钢窗和铝合金窗两种类型。塑钢窗强度高，导热系数低，隔热保温效果优异；铝质窗的质地轻巧、坚韧，容易塑型加工，防水、隔声效果好，是目前市面上最广泛应用的窗材。

❸ 材料的设计与搭配

玻璃的材质影响隔声和采光性能

气密窗的主要组成部分为玻璃，它对窗的隔声性和采光都会产生影响，因此在设计时，应注意此方面的问题。玻璃有胶合玻璃和复合玻璃两种类型，前者各方面的性能都比较好一些，但价格较高，可根据需求选择。

▶ 气密窗玻璃的透明度高低可对室内采光产生影响，透明度高的玻璃，可使室内显得更明亮、宽敞

④ 材料的安装与运用

气密窗的安装步骤

确定洞口尺寸

● 墙面须预留比窗的尺寸较大一些的窗洞口，通常左右各加大 1.5cm，上加大 1.5cm，下加大 2.5cm，以便于窗的安装。

放样

● 安装前应先放样定出三种基准线，作为安装施工的准备。
● 中心基准线——决定窗的中心位置；水平基准线——决定窗的高度位置；进出基准线——决定窗的内外位置。

埋置固定片

● 将固定片埋入混凝土墙或砖墙内 3~4cm，以 1：2 水泥砂浆拌和石子固定，或用焊接将固定片与钢筋接合。

安装外框

● 安装工依照上列的位置，安装窗户的外框。
● 使用线坠、水平尺，定其水平、垂直位置后,在窗框的四周用木楔填紧固定。

水泥嵌补

● 固定片固定到位后,拆除四周的木楔,以水泥砂浆嵌缝,以免窗框与墙面间产生缝隙而导致渗水。

安装窗扇

● 窗框固定牢固后，将窗扇依次安装到位。而后对窗扇、窗框等部位进行彻底的清理。

注：窗框与墙壁之间的缝隙，除了可采用水泥砂浆嵌补外，还可耐用耐候密封胶来填补。注胶应平整、密实，胶缝宽度均匀、表面光滑、整洁美观。

安装贴士

● 窗与墙体间的固定片宜采用钢材，厚度不应小于 1.5mm，宽度不应小于 20mm，外表应做好防腐处理，距离应小于 500mm。

● 安装完成后，对窗户的质量进行检查。窗安装必须牢固、横平竖直、高低一致，窗框与墙体之间的缝隙应填嵌密实、饱满；窗扇开启应灵活，五金配件齐全，关闭后密封条应处于压缩状态。

二、广角窗

① 材料特点

- 广角窗的造型多样，且具有扩展视野角度、采光良好的优点。
- 广角窗的缺点为所占空间较大。
- 广角窗的应用范围广泛，适用于各种风格的家居。
- 广角窗在家居设计中，通常用于客厅、卧室、书房等空间。
- 目前广角窗连工带料的价格为 1200 ～ 2000 元 /m^2，若玻璃经过特殊处理，则价格更高。但如今室内空间寸土寸金，做一个广角窗，可以增加不小的使用空间，相对划算。

② 材料常见种类

广角窗根据造型的不同可分为八角窗、六角窗、三角窗、圆形窗等多种类型。其大小、形式等都可依照需求进行定做。

③ 材料的设计与搭配

（1）造型多变的广角窗可增加室内空间

广角窗在室外的部分比传统窗户至少可多做出 30cm，能够增加室内的采光和使用空间。若有休闲需求，还可将其稍加修饰，就可以变身为小阳台；也可以当作休闲区，不但增加使用空间，更增添了生活情趣。

▶ 客厅内使用三角形广角窗，增加了室内的使用面积，且因为采光面积的增加，让空间显得更开阔

（2）安装广角窗需提前做规划

　　广角窗属于建筑窗的范畴，因为与普通的建筑窗的形式区别较大，因此，若在室内设计广角窗，需提前做好规划，例如原有建筑墙体窗部位的形状，是否需要改变等，做好准备才能够顺利安装。

▲ 广角窗伸出建筑外的部位比普通窗要多一些，因此安装前，应提前进行设计规划

安装贴士

● 广角窗的上下盖以斜切角与墙面接合，外观看不到支架，但其实内部由角钢作为承重支撑，约每30cm嵌入一根角钢，以确保窗户的稳固性与载重能力。

● 由于广角窗的转角柱体较容易渗水，因此在施工时需将顶端处预先密封后再施工。另外，窗体安装时，需注意垂直和水平，并确认无前倾和后仰。

● 广角窗施工完成后，验收时需应确认上下盖为一体成型、窗体组接处无缝隙，并且牢固不晃动、窗户开关好推顺手。

注：广角窗的施工步骤可参考气密窗部分的内容，区别处为广角窗施工贴士部分的内容。

三、百叶窗

① 材料特点

- 百叶窗可完全收起，使窗外景色一览无余，既能够透光又能够保证室内的隐私性，开合方便，很适合大面积的窗户。
- 百叶窗的叶片较多，不太容易清洗。
- 百叶窗被广泛应用于乡村风格、古典风格和北欧风格的家居设计中。
- 百叶窗在家居中的客厅、餐厅、卧室、书房和卫浴等空间的运用广泛。
- 百叶窗的价格为 1000 ~ 4000 元 /m²，适合中等装修的家居使用。

② 材料常见种类

百叶窗以木质材料的产品为主流，制作材料有椴木、泡桐及云南白木等。

③ 材料的设计与搭配

根据室内环境选择合适的百叶窗

百叶窗的运用需要结合室内环境，选择搭配协调的款式和材质。如果百叶窗用来作为落地窗或者隔断，一般建议使用折叠百叶窗；如果作为分隔厨房与客厅空间的小窗户，建议使用平开式；如果是在卫浴用来遮挡视线，则可选择推拉式百叶窗。

▲ 百叶窗设计在室内两个空间连接处，具有隔断和窗的双重作用，实用且具有美观而又通透的效果

④ 材料的安装与运用

百叶窗的安装步骤

测量外框的宽度

● 从左到右测量窗子外框的宽度，窗子上、中、下最宽的尺寸，即为外框适合宽度。

测量外框的高度

● 窗子左、中、右最大的尺寸，即为外框的适合高度。

确定安装形式

● 推拉式安装：百叶窗以推拉的形式安装在建筑窗的内侧。占用空间少，适合一般窗口。

● 折叠式安装：百叶窗通常固定在窗内侧边框上明装。窗扇可完全关闭，还可折叠收起。适于做多扇窗的开启方式，一般做隔断或落地窗时采用。

● 平开式安装：百叶窗可固定在窗内侧中间，也可固定在窗内部窗框上，以平开的方式开启或关闭。适于小型窗户或者单扇、两扇窗。

测量内框深度

● 确定窗口深度足够百叶窗叶片自由活动，不同的百叶窗安装方式要求窗口深度也不相同。

安装百叶窗

● 选取适合的安装方式，安装边框，而后将百叶窗固定在边框上。

● 安装完成后，对百叶窗进行整体清理，要求表面干净、整洁。

注：若安装推拉式或折叠式百叶窗，则需先安装滑轨，而后再安装窗扇。

安装贴士

● 安装百叶窗时，需注意为叶片活动预留足够的深度。推拉式百叶窗，一般两层推拉要保证叶片活动需要 15cm 深度，单层需要 10cm 深度；折叠式安装需要预留 10cm 深度。

● 安装百叶窗时，需确认每片百叶窗的叶片角度调整都没有问题，叶片表面平滑无损伤，窗扇上的叶片应平整、分布均匀，缝隙应一致。不论是对开窗、折叠窗或推拉窗型，都要确认开启是否顺畅；若有轨道，则检视水平度及五金零件是否齐备。

四、仿古窗

① 材料特点

- 中式仿古窗指的是仿照传统中式窗制造的装饰窗，是具有浓郁中国传统特色的装饰品，能够带来很好的复古气息，将现代空间装饰出中式韵味。
- 中式仿古窗在现代居室空间的使用多作为局部的点缀性装饰。其雕工精致的花纹可以为居室带来盎然古意。
- 中式仿古窗不仅适用于中式古典风格和新中式风格，还可用于东南亚风格、新古典风格等空间装饰。
- 中式仿古窗价格从几百到几万均有，与大小及所用木质、材料年代有关。

② 材料常见种类

仿古窗可以分为窗棂和窗花两种类型。窗棂是指传统窗户上的窗格子，窗花指存在于传统窗上的雕花，窗棂会单独出现，但窗花多与窗帘组合设计。

▲ 仿古窗棂　　　　　　　　　　　　　▲ 仿古窗窗花

③ 材料的设计与搭配

用途多样，可增添古韵

仿古窗以镂空造型为主，除用作室内两个空间中间的装饰窗外，还可用作屏风、隔断等，让光影穿过仿古窗，在虚实交错中，即可增添东方的神秘意境，在为现代居室带来通透感、增添艺术性外，还兼具实用性价值，可谓一举两得。除此之外，将其体积缩小后，还可设计为壁挂、镜框等。

▲ 仿古窗上窗棂通透的特性为设计提供了更多的可能性，在室内两个区域间很少使用窗的情况下，用其设计隔断，也可为空间增加古韵

④ 材料的安装与运用

仿古窗的安装步骤

弹线	
● 从顶部用大线坠吊垂直。在墙上弹上规矩线。 ● 窗洞口凸出框线部位进行剔凿。	

`-->`

校验水平线	
● 窗框的安装高度应据室内 +50cm 水平线的标准进行校对检验,使窗框安装在同一标高。	

安装窗框	
● 将窗框进行组装,而后放到窗洞口内,与墙面的缝隙处塞入木楔,使其竖向和横向与水平线和垂直线保持平行。用铁片与墙面固定牢固。	

`<--`

裁切窗框	
● 对现场窗口的尺寸进行测量。 ● 根据测量的数据,将木质窗框的横挺、竖挺,按照窗口的尺寸进行裁切,操作时需注意尺寸的准确性。	

填缝、安装套线	
● 在窗框与墙壁之间的缝隙处,填充适量的发泡胶,待其干燥后,修整表面突出的部分。 ● 将窗套线与窗框固定在一起。	

`-->`

安装窗扇	
● 一般在窗扇上下端 1/10 处,安装合页,上下合页各先固定一个螺栓,检查窗扇与框的缝隙是否合适,口与扇是否平整,合格后将螺栓全部拧紧。	

注:若仿古窗有涂饰的需求,应在窗框安装完成后,分别对窗套和窗扇进行涂饰,涂饰前,先将合页槽剔出,待面漆干燥后,再安装窗扇。

安装贴士

　　● 窗扇在安装前,应先检查有无窜角、翘扭、弯曲、劈裂等问题,如有以上情况应先进行修理。

　　● 窗框在固定前,需对安装位置,垂直度、水平度、标高等进行检查,确定无误后,再进行固定。

　　● 仿古窗的窗扇必须安装牢固,并应开关灵活,关闭严密,无倒翘。表面应洁净,不得有刨痕、锤印。

第三节
门窗五金配件

一、门锁

❶ 材料特点

- 门锁可以为家居提供安全保障。
- 门锁作为家居装修中的基础材料，可以应用于各种风格的家居中。
- 家居中只要带门的空间，都需要门锁，入户门锁常用户外锁，是家里家外的分水岭；通道锁起着门拉手的作用，没有保险功能，适用于厨房、过道、客厅、餐厅及儿童房；浴室锁的特点是在里面能锁住，在门外用钥匙才能打开，适用于卫浴。
- 门锁的价格差异较大，低端锁的价格为 30 ～ 50 元 / 个，较好一些的门锁价格可达上百元，可以根据实际需求进行选购。

❷ 材料常见种类

门锁因制锁技术与应用不同可分为球形门锁、三杆式执手锁、插芯执手锁和玻璃门锁等类型。球形门锁的把手为球形，三杆式执手锁为把手锁，这两种锁均造价低，适合室内门；插芯执手锁产品材质较多，安全性比较好，常用于入户门，房间门；玻璃门锁适用于玻璃门。

❸ 材料的设计与搭配

可根据门的位置选择适合的锁

门锁关系着家居的安全，室内门的门锁使用的频率较低，对安全性的要求也低，而入户门的门锁则与其相反，使用频率高且对安全性的要求也同样极高，因此，可以结合门的位置来选择适合的锁，如室内门选择普通的球形锁或执手锁即可，而入户门则应选择安全性高的多锁舌锁，或由指纹控制的电子锁。

▲ 室内门的门锁，对安全性的要求较低，可以选择普通的执手锁

④ 材料的安装与运用

执手门锁的安装步骤

确认尺寸

● 仔细阅读门锁安装说明书以及开孔图，在开凿之前检查门边框到执手的中心距离是否为 70mm，门的厚度是否在 40~55mm。

开孔

● 将门锁安装开孔纸规贴在门上，确定开孔位置以及尺寸，使用工具在门上开出安装孔。开孔后要使用实际门锁测试一下是否合适。

安装执手

● 将方杆插进锁体的方杆孔内，然后安装外执手部件，找正之后，将两枚自攻螺钉拧紧。
● 安装内执手部件，找正之后，将两枚自攻螺钉拧紧。

安装锁胆

● 开好锁体孔后，将里面的木屑清理干净，再把锁胆插入锁胆孔。
● 将门锁插进门的锁体孔，进行找正，然后将两枚自攻螺钉拧紧。

安装锁头

● 把单向锁头，从内执手一侧，插进锁孔内。

安装面板

● 将 M5 的紧定螺钉插入锁头面板孔，对准单向锁头的 M5 螺纹孔拧紧。

安装贴士

● 安装门锁前，应先确认门的开合方向与锁具是否一致，并确定门锁的安装高度。

● 锁胆开孔是门锁安装最重要的一个环节，如果孔位开得不好，会影响整个锁的使用性能。安装好后一定要从不同的方向测试斜舌部分，检查斜舌是否可以正常弹出。

● 执手锁的面板分为前后两部分，一般先安装前面板。

● 门锁安装完成后，需要进行试用，以确保能够正常使用。主要检查锁舌的伸出与回收是否正常、顺畅。

二、门吸

❶ 材料特点

- 门吸的主要作用是用于门的制动，防止其与墙体、家具发生碰撞而产生破坏，同时可以防止门被大的对流空气吹动而对门造成伤害。
- 门吸根据家居设计的需要，可以应用于各种风格的家居空间中。
- 门吸作为家居建材基本材料，可以应用于装有门的各个空间。
- 门吸的价格较便宜，一般约 5 元 / 个。

❷ 材料常见种类

门吸根据安装位置的不同，可分为墙吸和地吸两种类型。前者安装在墙壁上，后者安装在地面上。

▲ 墙吸　　　　　　　　　　　　　▲ 地吸

❸ 材料的设计与搭配

"墙吸""地吸"应根据需求选择

门吸是安装在门后面的一种小五金件。在门打开以后，通过门吸的磁性把门稳定住，防止门被风吹后自动关闭，同时也防止在开门时用力过大而损坏墙体。常用的门吸又叫作"墙吸"，目前市场还流行的一种门吸，称为"地吸"，平时与地面处于同一个平面，打扫起来很方便。设计时，可根据需求进行选择。

▲ 门吸的款式越来越多，尺寸也越来越多样化，选择时，可多方面考虑，当墙面不方便安装门吸时，可以选择地吸，反之亦然

❹ 材料的安装与运用

门吸的安装步骤

确定并测试安装位置

- 先要确认门吸的安装位置，是安装在地面上，还是安装在墙面上。
- 把门打开至能打开的最大位置，来初步确定门吸的位置。而后通过调整，确定最终安装位置。

标记安装位置

- 如果是在地面上安装，则需限定为门固定的位置，然后在对面做最后确认，做好标记，再将门吸定位位置画出来。根据以上测试，最好定位两次门吸的位置，这样主要是便于安装。

安装门吸固定端

- 把门吸的固定端组装好，用附送的内络角小工具拧紧固定端上面的螺栓，将其安装到位。

打孔

- 用打钻器在门吸安装的位置打钻。比如在地面上钻出门吸的安装孔。

安装门端

- 将门开到最大，将门端门吸，对准已安装好的固定端，确认无误后，用钻头在门上打孔，用螺栓将门一端的门吸拧紧即可。

微调

- 门吸的两端均初步固定后，旋转门吸的角度，对门吸进行微调，使固定端全部和门端贴合，最后将两端的螺栓彻底拧紧。

安装贴士

- 安装门吸，确定安装位置是关键。操作时，将门打开至最大位置，测试门吸作用是否合理，门吸在门上的距离是否合适。定位门的位置，大致定位好之后，将门打开，试试实际操作是否合理，包括门吸是进去一点，还是出来一点，门吸的具体角度等。

- 标记安装位置时，之所以要定位两次，既定位门，又要定位门吸，这是为了更好地安装。两点成直线，这是最好的确认门吸和开门的角度最好的方式。

三、门把

❶ 材料特点

- 门把手兼具美观性和功能性，可以美化家居环境，也能提升隔声效果。
- 门把手的风格很多，可以根据其造型特点应用于不同风格的家居中。
- 门把手为家居中的基础材料，可以广泛地应用在家居中的门上。
- 市面上的高档门把手大都为进口产品，价格在 600 ~ 3000 元 / 个；中档门把手价格为 300 ~ 600 元 / 个；低档的门把手价格一般为 60 ~ 90 元 / 个。

❷ 材料常见种类

门把手可分为圆头门把手、水平门把手和推拉型门把手三种类型。圆头门把手旋转式开门，容易坏；水平门把手下压式开门，款式较多；推拉型门把手平拉开门。

▲ 圆头门把手　　　　　▲ 水平门把手　　　　　▲ 推拉型门把手

❸ 材料的设计与搭配

选择与室内风格协调的款式

门把手虽然个头小，但却是能够体现室内装饰细节是否到位的关键之处，款式恰当且做工精致的门把手，能提升室内装饰的整体品位。门把手的款式繁多，在选择时，可以从风格方面来考虑，如欧式空间使用金色的雕花把手、简约空间使用直线条的把手等。

▶ 卧室门的门把手，选择了较为简洁的款式，与家具风格统一，使人感觉非常协调

注：门把手的安装方法，可参考门锁安装步骤中安装执手步骤中的内容。

第六章
厨卫设备

厨卫是厨房和卫浴的简称。现代厨卫产品包含整体橱柜、洗漱柜、集成灶具等厨房卫浴相关用品。相比传统的厨房和卫浴概念，现代厨卫有着功能齐全、适用、美观大方等特点，是现代室内装修不可缺少的组成部分。

厨房设备

一、整体橱柜

① 材料特点

- 整体橱柜具有收纳功能强大、方便拿取物品的优点。
- 整体橱柜的转角处容易设计不当，需多加注意。
- 整体橱柜的种类多样，可以根据家装风格任意选择，其中实木橱柜较适合欧式及乡村风格的居室，烤漆橱柜较适合现代风格及简约风格的居室。
- 整体橱柜多用于厨房，用来进行厨房用品的收纳。
- 整体橱柜以组计价，依产品的不同，价格上也有很大差异，少则数千，多则数万、数十万。

② 材料常见种类

（1）整体橱柜的构成

名称	概述
柜体	按空间构成包括装饰柜、半高柜、高柜和台上柜；按材料组成又可以分成实木橱柜、烤漆橱柜、模压板橱柜等
台面	包括人造石台面、石英石台面、不锈钢台面、美耐板台面等
五金配件	包含门铰、导轨、拉手、吊码，其他整体橱柜布局配件、点缀配件等
功用配件	包含水槽（人造石水槽和不锈钢水槽）、龙头、上下水器、各种拉篮、拉架、置物架、米箱、垃圾桶等整体橱柜配件
电器	包含抽油烟机、消毒柜、冰箱、炉灶、烤箱、微波炉、洗碗机等
灯具	包含层板灯、顶板灯，各种内置、外置式橱柜专用灯
饰件	包含外置隔板、顶板、顶线、顶封板、布景饰等

（2）柜体的种类

类别		特点	价格（元/延米）
实木橱柜		具有温暖的原木质感、纹理自然，名贵树种有升值潜力，天然环保、坚固耐用。但养护麻烦，对使用环境的温度和湿度有要求	≥ 4000
烤漆橱柜		色泽鲜艳，有很强的视觉冲击力，且防水性、抗污能力强，易清理。但怕磕碰和划痕，一旦出现损坏较难修补	≥ 2000
模压板橱柜		色彩丰富，木纹逼真，不开裂。不需要封边，但不能长时间接触或靠近高温物体，主体不能太长、太大，否则容易变形	≥ 1200

（3）台面的种类

类别		特点	价格（元/m²）
人造石台面		最常见的台面，表面光滑细腻；无孔隙、抗污力强，可任意长度无缝粘接，使用年限长，表面磨损后可抛光	≥ 270
石英石台面		硬度高，耐磨不怕刮划，耐热好，并且抗菌，经久耐用，不易断裂，抗污染性强，不易渗透污渍，可以在上面直接斩切，有拼缝	≥ 350

类别		特点	价格（元 / 延米）
不锈钢台面		抗菌再生能力最强，坚固、易清洗、实用性较强；但台面各转角部位和结合处缺乏合理、有效的处理手段，不适合管道多的厨房	≥ 200
美耐板台面		可选花色多，仿木纹自然、舒适；易清理，可避免刮伤、刮花的问题；如有损坏可全部换新；缺点为转角处会有接痕和缝隙	≥ 200

❸ 材料的设计与搭配

整体橱柜令厨房变得井然有序

整体橱柜分门别类的收纳功能，能让厨房里零碎的东西各就其位，使厨房变得井然有序。整体橱柜的储藏量主要由吊柜和地柜的容量来决定。吊柜位于橱柜最上层，一般可以摆放重量相对较轻的物品；而地柜则可摆放较重的锅具或厨具。

▲ 整体橱柜的收纳功能十分强大，可以将厨房中杯盘盆盏等物合理地归类摆放

④ 材料的安装与运用

整体橱柜的安装步骤

测量尺寸

● 整体橱柜一般在装修的初期进行测量，若厨房没有墙体改动，可以在敲墙之前就进场测量；如果需改动厨房墙体，就要看对于橱柜的设计有无太大影响，若无影响也可以先期测量。

审核图纸

● 在初测后，橱柜设计师会根据所提要求和实际尺寸设计出橱柜的图纸，重点查看操作区域的规划是否合理。确认方案后，设计师会再出一份详细的水电图纸，根据这份图纸再进行水电改造。

挑选款式

● 在复量的图纸通过审核后，即可开始确认整体橱柜的款式，可根据室内风格和业主的经济条件，来挑选适合的橱柜材质。需特别注意把手等细节部分，应与居室的整体设计相符。

复量尺寸

● 水电改造、瓷砖铺贴完成、吊顶安装结束后，进行尺寸的复量，内容包括精准的尺寸、墙体的角度、吊顶的高度、水电的位置、煤气表及管的大小等，而后再出一份图纸。

安装橱柜

● 一般来说，整体橱柜需先安装地柜，而后再安装吊柜。需注意吊柜和地柜之间的距离，一般吊柜和橱柜台面之间的距离为60cm。

安装台面及五金件

● 在柜体全部安装完成后，开始安装台面。而后安装水槽、水龙头、拉篮等五金件。最后再安装电气设备。

安装贴士

● 测量橱柜的尺寸，应在水电布线前进行，测量前应对厨房大致的功能和电器的位置设计好。

● 在橱柜安装前，厨房瓷砖应已勾缝完成，并应将厨房橱柜放置区域的地面和墙面清理干净；提前将厨房的面板装上，并将墙面水电路改造暗管位置标出来，以免安装时破坏管线。另外，台面下增加垫板很有必要，能提高台面的支撑强度。

二、灶具

① 材料特点

- 燃气灶是大多数家庭必备的厨房用具，由于燃气是易燃品，所以对燃气灶的安全问题一定要提高警惕。使用不合格的燃气灶或者不合理地使用燃气灶特别容易导致燃气泄漏、爆炸等安全隐患。
- 选择燃气灶时首先要清楚所使用的气种，是天然气（代号为 T）、人工煤气（代号为 R) 还是液化石油气（代号为 Y)。由于三种气源性质上的差异，因而器具不能混用。
- 灶具的价格一般为 1200 ~ 4000 元 / 个。

② 材料常见种类

灶具根据使用面板的不同，可分为钢化玻璃灶具、不锈钢灶具和陶瓷灶具等类型。钢化玻璃面板具有亮丽的色彩、美观的造型，易清洁，但耐热性、稳定性不如不锈钢；不锈钢面板耐热、耐压、强度高、经久耐用、不易变形，但不易清洗、颜色单一；陶瓷面板在易清洁性和颜色选择方面优于其他材质，更易与大理石台面搭配。

▲ 钢化玻璃灶具　　　　▲ 不锈钢灶具　　　　▲ 陶瓷灶具

③ 材料的设计与搭配

不锈钢橱柜台面灶具适合现代风格厨房

现代风格常用黑白灰的色调搭配金属、玻璃材质，令空间呈现出时尚感。而不锈钢台面灶具结实耐用，好擦洗，其光亮的效果令现代风格厨房更为靓丽。

▶ 不锈钢灶具的使用，让厨房内的现代感和时尚感更强烈

④ 材料的安装与运用

灶具的安装步骤

开孔
● 现在的灶具多采用嵌入式安装法，必须按照预计购买的灶具提示的开孔尺寸，在橱柜台面上开孔，才能确保燃气灶的顺利安装。

验货
● 开箱后请按照装箱清单仔细检查产品配件是否齐全，有无损坏。 ● 核对所使用的燃气种类，是否与灶具产品所标注的燃气种类相符。

安装电池、打火
● 清理干净灶具进气口，再将胶管接头套入灶具接头处，并用管夹或管箍夹紧胶管。

安装进气口
● 将灶具放进事先开好孔的台面中，确定牢固后将其固定。

安装电池
● 灶具的电池盒位于灶具的底部，将电池盒的盒盖打开，将电池放入其中，一般为一号电池，可提前准备。

安装台面及五金件
● 打开燃气阀门，将肥皂液涂抹在接头处，来检查是否有漏气的情况，若肥皂有气泡发生，需关闭阀门，重新连接。

调试火焰
● 打开旋钮，测试是否有火。而后查看火焰颜色是否为淡蓝色，如果火焰颜色偏黄，或者偏红，还需要再对燃气灶进行调试。调试燃气灶，使其火焰呈现正常颜色，即淡蓝色。

施工贴士

　　● 灶具面板的各条边一定要和灶台面平稳贴合，不能有凸凹不平，否则放上重物后，易造成金属面板变形或玻璃面板破裂。

　　● 嵌入式灶具的助燃空气有一部分要靠灶面下的通气口供应，因此安装时应注意不要封住通气口，以免造成燃烧不完全。

三、水槽

❶ 材料特点

● 厨房水槽以不锈钢水槽为主，具有面板薄、重量轻，耐腐蚀、耐高温、耐潮湿，易于清洁等优点。

● 一些不锈钢水槽具有不耐刮、花纹中易积垢的缺点。

● 水槽为厨房基础设备，任何风格的家居风格均适用。

● 水槽应用于厨房中，主要用来洗涤烹饪食材。

● 水槽在价格上差异较大，从几百元到几千元不等，可以根据预算及家庭装修档次进行合理选购。

❷ 材料常见种类

较为常用的水槽有不锈钢、陶瓷和石英三类，不锈钢水槽，易于清洁，重量轻，颇具现代气息，非常时尚；陶瓷水槽易于清洗，色彩较多，但耐久性不佳，使用化学清洁剂会损坏瓷表面；石英水槽最坚硬，色彩较多，但价格相对较高。

▲ 不锈钢水槽　　　　　▲ 陶瓷水槽　　　　　▲ 石英水槽

❸ 材料的设计与搭配

根据厨房面积选择水槽的形式

厨房水槽从形式可分为单槽、双槽和三槽三种类型。单槽一般适合小面积厨房；双槽无论两房还是三房，都可以满足清洁及分开处理的需要；三槽由于多为异形设计，它能同时进行浸泡、洗涤及存放等多项功能，因此这种水槽很适合别墅等大户型。

▲ 对一般面积的厨房来说，双槽是最适合的选择，可满足不同的清洗需求，比例上也比较舒适和美观

④ 材料的安装与运用

水槽的安装步骤

水槽就位

● 将水槽放入台面预留的洞口中，核对尺寸。若无误，才可继续安装。
● 水槽放入台面后，首先需要在槽体和台面间安装配套的挂片。

安装溢水孔的下水管

● 安装溢水孔的下水管，要特别注意与盆上槽孔连接处的密封性，要确保不漏水，可以用玻璃胶进行密封加固。

组装水龙头

● 按照说明书要求把龙头组装起来，先将一根软管连接到龙头上，从上方深入到面盆中，再将另一根软管套上易装器及橡胶垫从盆底穿过，之后拧紧易装器，最后拧紧易装器的套筒。

安装整体排水管

● 安装过滤篮的下水管，此时要注意下水管和槽体之间的衔接，要牢固、密封。再安装整体排水管，同样要牢固、密封性要好。
● 基本安装结束后，安装过滤篮。

进行排水试验

● 全部安装完成后进行排水试验，将水槽放满水，同时测试两个过滤篮下水和溢水孔下水的排水情况。
● 发现哪里有渗水问题，需紧固固定螺帽或是打胶。

对水槽进行封边

● 做完排水试验确认没有渗漏等问题后，可以对水槽进行封边。
● 使用玻璃胶封边，要保证水槽与台面连接缝隙均匀，不能有渗水的现象。

施工贴士

● 每个家庭选择的水槽款式都会有一些差异，并不会完全相同，在切割台面时，应保证台面上所留出的水槽位置和水槽的尺寸相吻合。
● 安装水龙头时，要求安装牢固，连接处不能出现渗水的现象。
● 龙头上进水管的一端连接到进水口时注意衔接处的牢固度要适宜，不可太紧或太松；冷热水管的位置是左热右冷。

第二节
卫浴设备

一、洗漱柜

❶ 材料特点

- 洗漱柜是卫浴收纳的好帮手，可以将卫浴中杂乱的物品进行有效收纳。
- 有些木质洗漱柜遇潮容易损坏。
- 洗漱柜的材质和风格多样，可依家居风格选择与之搭配的洗漱柜。
- 洗漱柜的价格差异较大，一般为 1000 ～ 6000 元 / 个，有些高档木材制作的洗漱柜也可高达上万元。

❷ 材料常见种类

名称	概述
刨花板	这种材料成本低廉，但吸水率极高，防水性能差
中纤板	材料加工方便，但胶粘剂中含甲醛等有害物质，防水性能也不够理想
实木板	实木材质颜色天然，又无化学污染，是健康、时尚的好选择
不锈钢	材质环保、防潮、防霉、防锈、防水，但和实木板相比显得过于单薄。因为在色泽方面，不锈钢洗漱柜只有冰冷的银白色，并且厚度也远远没有实木有质感
PVC	色泽丰富鲜艳、款式多样，是年轻业主的首选；但材料容易褪色，且较易变形
人造石	色彩艳丽、光泽如玉，酷似天然大理石制品，是不错的洗漱柜选择
玻璃	装饰性钢化玻璃具有耐磨、抗冲刷、易清洗的特点

❸ 材料的设计与搭配

从风格出发选择洗漱柜，可令卫浴空间更为统一

洗漱柜若单独购买，容易和其他洁具搭配不当。可以从卫浴间的风格出发，或选择和浴缸等洁具为同种系列的产品，这样设计，更能凸显浴室风格，令空间规划整体统一，更具美观性。

▲ 直线条为主的洗漱柜，具有显著的简约风特征，与浴室整体风格相符，搭配白色的洁具，简洁而具有整体感

施工贴士

● 落地式洗漱柜的安装比较简单，通常放置到位，再安装面盆、龙头等配件即可。需注意的是，在台面与墙体四周需要打密封胶，可避免发霉、渗水。

● 若安装壁挂式洗漱柜，则需要在墙面打孔，将膨胀螺栓的胀管埋入其中，再使用螺栓将柜体和墙面锁紧。最后再安装面盆和龙头即可。

● 需注意，安装壁挂式洗漱柜的墙体必须为实心墙，若非实心墙需对墙体进行加固，否则安装后容易脱落。

● 洗漱柜若与面盆连接，则完工后要打开水龙头了解有无渗水情况；另外还要调试门板，观察是否开合顺畅，同时检查内部层板高度是否适合放置卫浴用品。

二、洁面盆

① 材料特点

- 洗面盆的种类、款式和造型都非常丰富，兼具实用性与装饰性。
- 石材洗面盆较容易藏污，且不易清洗。
- 洗面盆的种类和造型多样，可以根据室内风格来选择；其中不锈钢和玻璃材质的面盆较为适合现代风格的家居。
- 洗面盆为卫浴中的基础设备，用来完成居住者的日常梳洗。
- 面盆价格相差悬殊，档次分明，从一两百元到过万元的都有。影响面盆价格的主要因素有品牌、材质与造型。普通陶瓷的面盆价格较低，而用不锈钢、钢化玻璃等材料制作的面盆价格比较高。

② 材料常见种类

类别		特点	价格（元/个）
台上盆		安装方便，台面不易脏，样式多样，装饰感强，台面上可放置物品，盆与台面衔接处处理得不好会容易发霉	≥ 200
台下盆		卫生清洁无死角，易清洁，台面上可放置物品，与洗漱柜组合的整体性强，对安装工艺要求较高	≥ 120
挂盆		节省空间面积，适合较小的卫生间，没有放置杂物的空间，样式单调，缺乏装饰性，适合墙排水户型	≥ 180

续表

类别		特点	价格（元/个）
一体盆		盆体与台面一次加工成型，易清洁，无死角，不发霉，款式较少	≥ 400
立柱盆		适合空间不足的卫生间安装使用，一般不会出现盆身下坠变形的情况，造型优美，具有很好的装饰效果，容易清洗，通风性好	≥ 200

❸ 材料的设计与搭配

（1）根据卫浴间的面积，选择适合的洁面盆

洁面盆的款式可以结合浴室的面积来决定，微型卫生间，适合选择立柱盆，若同时为墙排水，则只适合使用挂盆。一体盆通常只有一个面盆，占地面积中等，小卫浴和中等卫浴均适合，但不适合大卫浴间，容易显得空旷。台上盆和台下盆非微型卫浴间均适用。

▶ 台上盆虽然需要台面才能安装，但对台面的长度要求不高，所以适用范围广。且台上盆的款式多样，若对洁面盆的装饰效果有要求时，就可以使用台上盆

（2）不同材质的洗面盆带来不同家居风格

从习惯和款式上来看，市面上陶瓷面盆依然是首选。圆形、半圆形、方形、菱形、不规则形状的陶瓷面盆已随处可见，任何家居风格都能找到与之匹配的款式；而不锈钢面盆与卫浴内其他钢质浴室配件一起，能够烘托出一种工业社会特有的现代感。此外，玻璃面盆具有其他材质无可比拟的剔透感，非常时尚、现代，现代风格的住宅若追求新潮且不喜欢不锈钢的质感则可以选用玻璃面盆。

◀ 现代风格的卫浴间中，使用圆形的台上盆，柔化了洗漱柜直线条的冷硬感，与花纹墙砖搭配，更显独特

◀ 简约风格的卫浴间内，使用薄壁的黑色圆形洁面盆，彰显简洁感和个性

❹ 材料的安装与运用

立柱盆的安装步骤

找水平

- 安装立柱盆需要先将盆放在立柱上，挪动盆与柱使接触吻合，移动整体至定位的安装位置。
- 将水平尺放在盆上，校正面盆的水平位置。盆的下水口与墙上出水口的位置对应，若有差距移动盆。

在墙上与地上钻孔塞入螺栓

- 在墙和地面上分别标记出盆和立柱的安装孔位置。按提供的螺栓大小在墙壁和地面上的标记处钻孔。塞入膨胀粒，将螺杆分别固定在地面和墙上，地面的螺杆外露约 25mm，墙上的螺杆露出墙面的长度按产品安装要求。

连接水管、打胶

- 连接供水管和排水管，将立柱与地面接触的边缘，立柱与洗面器接触的边缘涂上玻璃胶，放在洗面器下面固定。
- 用软管连接角阀并放水冲出进水管内残渣。

固定立柱和洁面盆

- 将立柱固定在地面上。将面盆放在立柱上，安装面涂抹玻璃胶，安装孔对准螺栓将面盆固定在墙上，并固定螺栓组装上。
- 洁面盆安装完毕后，再安装龙头。

施工贴士

- 台上盆的安装：台上盆的安装比较简单，只需按安装图纸在台面预定位置开孔，然后将盆放置于孔中，调整位置，用硅胶将缝隙填实，再安装龙头即可。
- 台下盆的安装：台下盆对安装工艺要求较高，首先需按台下盆的尺寸定做台下盆安装托架，然后再将台下盆安装在预定位置，固定好支架再将已开好孔的台面盖在台下盆上固定在墙上，一般选用角铁托住台面然后与墙体固定。
- 壁挂盆安装：将挂盆靠在墙上，用水平尺平衡位置，在墙上标注盆的位置。将挂盆移动到别的地方并用适应的冲击钻在标记的地方钻孔。固定膨胀螺栓，将挂盆定在螺栓上，旋紧螺母。用硅胶将盆与墙的缝隙填满。
- 安装质量检验：洁面盆安装完成后，需进行安装质量的检验。要求面盆与排水管的连接应牢固、紧密，且应便于拆卸维修，连接处不能有敞口，面盆与墙面接触部应用硅膏嵌缝尽量不要使用玻璃胶。

三、马桶

① 材料特点

- 马桶为卫浴的基础设备，任何风格的家居均需用到。
- 马桶主要用于家中的卫浴，可以将日常产生的污物冲洗干净。
- 马桶的价位跨度非常大，从百元到数万元不等，主要是由设计、品牌和做工精细度决定的，可以根据家居装修档次来选择。

② 材料常见种类

马桶按照安装形式，可分为连体式马桶、分体式马桶及壁挂式马桶三种类型。连体式马桶的水箱和座体合二为一，形体简洁，安装简单；分体式马桶水箱与座体分开设计，占用空间面积较大，连接处容易藏污纳垢不易清洁；悬挂式马桶直接安装在墙面上，通过墙面来排水，适合墙排水的建筑，体积小，节省空间。

▲ 连体式马桶　　　　▲ 分体式马桶　　　　▲ 壁挂式马桶

③ 材料的设计与搭配

壁挂式隐藏水箱更时尚

壁挂式马桶比起传统的落地式款式，不容易藏污，地面没有死角，清洁浴室更容易。而且外形时尚简洁，更符合年轻人的需求。

▶ 壁挂式马桶搭配镜面装饰的洗漱柜，具有极强的时尚感

④ 材料的安装与运用

马桶的安装步骤

检查排污口

● 马桶预留的排污管口径非常粗，如果没有封口，很容易掉落东西进去，在安装之前应先对排污管道进行检查，看管道内是否有泥沙、废纸等杂物堵塞。

裁切排水管口

● 排污管口通常都会预留得长一些，安装前应根据马桶的尺寸，将长出的部分裁切掉，合适的尺寸为高出地面 2 ~ 5mm。

安装法兰

● 厂家一般会配有法兰用于密封马桶的出水口，安装时一定要将其固定好；如果没有法兰，可用玻璃胶（油灰）或水泥砂浆（1 : 3）来代替。

连接给水管

● 在安装马桶的水箱之前，应先放水 3 ~ 5 分钟冲洗给水管道，将管道内的杂质冲洗干净之后，再安装角阀和连接软管。

打胶

● 马桶安装完成后，应使用透明密封胶将底座与地面相接处封住，可将卫生间局部积水挡在马桶的外围。

连接电源

● 若安装的是智能马桶，最后还需要连接电源。并对智能配件的功能进行测试，查看是否正常。

安装贴士

● 安装马桶，坑距是关键，如果马桶坑距不对，即使勉强安装也会影响原有排污速度和隔臭效果。因此，选款时一定要特别留意坑距是否与卫浴间内的坑距相符。

● 安装智能马桶前，需注意连体马桶的进水管口、出水口与墙壁间的距离、固定螺栓打孔的位置均不得有水管、电线经过。

● 密封马桶出水口不能使用单独的水泥来密封，时间长了以后会因为水泥膨胀而导致马桶开裂。

四、浴缸

① 材料特点

- 浴缸并不是必备的洁具，适合摆放在面积比较宽敞的卫生间中。
- 浴缸的种类繁多，可以根据家居风格选择。
- 浴缸用于家居空间的卫浴之中，为居住者提供泡澡之便。
- 浴缸的价格依材质不同而有所差异，一般为 1200 ~ 4000 元 / 个，但按摩浴缸的价格则可达到上万元。

② 材料常见种类

根据使用材料的不同，浴缸可分为：亚克力浴缸、实木浴缸、铸铁浴缸、按摩浴缸、钢板浴缸等类型。亚克力浴缸造型丰富，表面的光泽度好，但容易老化；实木浴缸尺寸小，保温性强，但养护不当容易开裂；铸铁浴缸经久耐用，注水噪声小，便于清洁，但重量大；按摩浴缸有一定的保健作用，体型较大，售价高昂；钢板浴缸整体性价比较高。

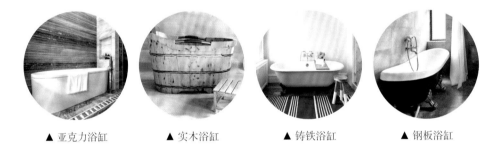

▲ 亚克力浴缸　　　▲ 实木浴缸　　　▲ 铸铁浴缸　　　▲ 钢板浴缸

③ 材料的设计与搭配

安装方式可根据使用者选择

浴缸按照安装方式来分，可分为嵌入式和独立式两种，嵌入式就是将浴缸放入到水泥砂浆砌筑的台面中包裹起来的安装方式，安全性较高，但占地面积大，适合有老人和小孩的家庭；独立式下方带有腿，放置在适合的位置即可使用，适合小卫浴和年轻人。

▲ 独立式浴缸装饰性较强，便于清洁，给人非常时尚、个性的感觉，适合对安全性要求低的人群

④ 材料的安装与运用

嵌入式浴缸的安装步骤

做防水
- 安装嵌入式浴缸，需要先做防水，一定要做闭水试验，保证无渗漏再进行下一步。

砌筑底座
- 根据浴缸的形状，用砖砌出浴缸底座的形状，注意底座的尺寸，要略大于浴缸，将浴缸周围台面的尺寸加进去。

浴缸就位
- 把浴缸坐到底座上，把所有的木架移开，在浴缸的周圈砌好砖。

接软管
- 做好底座以后，用木架把浴缸垂直架起来，接好软管，底部填上沙子。

贴面、安装配件
- 用水泥砂浆将砖体表面磨平，然后对表面进行装饰，贴砖、贴马赛克等均可。
- 将浴缸上的龙头等配件安装齐全。

闭水试验、打胶
- 进行闭水实验，将浴缸放满水，无渗漏为合格。
- 最后，在浴缸与墙壁、底座与地面的四周均打上密封胶。

注：内嵌式浴缸，在砌筑底座时，需预留一个检修孔，用来检修底部的水管的问题。可设计在隐蔽位置，用活动式盖子覆盖。

安装贴士

- 浴缸安装结束后重点验收浴缸的安装是否牢固；浴缸表面有无划伤；排水顺畅没有阻力；各连接处有无渗漏情况。
- 独立式浴缸在组装好配件后，将浴缸放到预装位置上，用水平尺测量水平度，而后调整浴缸脚，至完全水平。连接进水口和排水管，将排水口用胶密封，避免异味上返。放满水进行检查，无渗漏则安装完成。
- 密封胶固化需长达 24 小时，这段时间内不要使用浴缸，避免发生渗水情况。
- 按摩浴缸在装设时要注意排水系统，管线要做到适当合理地配置，注意电动机要使用静音式安装，才不会出现结构性的低频共振。

五、淋浴屏

① 材料特点

● 在淋浴区与洗漱区中间安装一组玻璃屏及玻璃门形成淋浴房，可以使浴室做到干湿分区，避免洗澡时脏水喷溅污染其他空间，使后期的清扫工作更简单、省力。另外，沐浴房还十分节省空间，有些家庭卫浴空间小，安装不下浴缸，可以选择淋浴房。

● 淋浴房为卫浴设备，其造型多样，可根据家居风格进行选择。

● 淋浴房的价格为 1500 ～ 2000 元 / m²。

② 材料常见种类

常用的淋浴屏有一字形、圆形和多边形三种类型。一字形是较为常见的样式，适合大部分空间使用，不占空间，但造型比较单调、变化少；圆形外观为流线型，适合安装在角落中。但门扇需要热弯，价格比较贵；多边形外观漂亮，比起直角形更节省空间，同样适合安装在角落中。另外，小面积卫浴也可使用，但内部可使用面积较小。

▲ 一字形淋浴屏   ▲ 圆形淋浴屏   ▲ 多边形淋浴屏

③ 材料的设计与搭配

用沐淋房将卫浴"干湿分离"

卫浴的"干湿分离"，就是把卫、浴功能彻底区分，克服由于干湿混乱而造成的使用缺陷。其中，采用把淋浴房单独分出是最为简单的方法，但却不适合安装浴缸的卫浴，后者可以采取玻璃隔断或玻璃推拉门来分隔，即把浴缸设置在里面，把坐便器和洗手池放置在外面，以便更好地实现干湿分离。

▲ 淋浴房可以使卫浴空间干湿分区，更容易清洁、更加美观

④ 材料的安装与运用

淋浴屏的安装步骤

安装密封条

● 淋浴屏风放置在潮湿的卫浴间，为防止出现发霉等情况，淋浴屏风在边上加上铝条前，首先需安装密封条。密封条有着密封、防霉、静音等作用。

连接框架

● 安装好密封条后，将玻璃嵌入铝条内。铝条的作用一是保护玻璃，二是需要铝条做框架，然后通过框架连接固定到墙面上。

将框架放置到安装位置

● 将组装好的框架放置到挡水石条上。放置的时候，注意小心调试，避免将两遍墙壁上的瓷砖刮伤。

利用螺丝固定

● 铝条扣上后，需要用螺栓将铝条与玻璃，铝条与铝条固定起来，组成框架。
●螺栓钉需拧紧，以确保连接的框架不会散架。

定位、钻孔

● 为确保屏风安装的水平，需要利用卷尺和笔将安装孔在墙面上画出。
● 用冲击钻在标记的位置，依次打上安装孔，在孔内放入塑料膨胀管。
● 将框架孔对准安装孔，然后利用螺栓刀安上螺栓。

安装门

● 推拉开合的门需在玻璃门上安装滑轮，平开的玻璃门需要安装合页。
● 将门放到指定位置，放入滑轨内，或用合页与玻璃墙固定。
●门安装完毕后，露出的玻璃边框，需要安装上密封条。

清洁、打胶

●将淋浴屏清理干净。
●利用胶枪，在框架与墙体等处，打上透明玻璃胶，以有效防水防霉。

安装门拉手、调试

● 利用螺丝刀将拉手和螺丝件紧固在固定位置。
● 安装完毕后，对门进行调试环节，推拉或来回开关，看是否存在缝隙。如果存在缝隙，就需要采取方法调试好。

第三节
五金配件

一、花洒

① 材料特点

- 花洒关系到洗澡的畅快程度，如果花洒出水时断时续且喷水不全，洗澡就会变成郁闷的事情。花洒的面积与水压有直接关系，一般来说，大的花洒需要的水压也大。
- 节水功能是选购花洒时要考虑的重点，采用钢球阀芯并配以调节热水控制器的花洒比普通花洒节水 50%。
- 一般来说，花洒表面越光亮细腻，镀层的工艺处理就越好。
- 花洒的价格与内芯的材料、工艺的复杂程度有关，为 150 ~ 800 元 / 个。

② 材料常见种类

花洒可分为手提式花洒、头顶花洒和体位三类。手提式花洒可以握在手中随意冲淋，靠支架固定；头顶花洒固定的安装在头顶位置，支架入墙，不具备升降功能；体位花洒，暗藏在墙中，对身体进行侧喷，有多种安装位置和喷水角度，起清洁、按摩作用。

③ 材料的设计与搭配

根据实际需求选择款式

经济型装修可以选择大尺寸的手持花洒，预算充足的情况下可以选择可以升降的头顶花洒。如果是挂墙式顶喷花洒，则花洒尺寸需要与肩同宽，使用时就能淋漓尽致。入墙式顶喷，十分高端贵气，但是要提前设计。

▶ 挂墙式花洒的头顶花洒，尺寸可以大一些，使用会更具舒适感

❹ 材料的安装与运用

花洒的安装步骤

准备工作

- 将各部分零件组装起来。
- 关闭总阀门，将墙面上预留的冷、热进水管的堵头取下，打开阀门放出水里面的杂物。

安装阀门弯头

- 将冷、热水阀门对应的弯头涂抹铅油，缠上生料带，与墙上预留的冷、热水管头对接、用扳手拧紧。

固定阀门、连接杆就位

- 将花洒阀门与墙面的弯头对齐后拧紧。扳动阀门，测试安装是否正确。
- 将组装好的花洒连接杆放置到阀门上预留的接口上，使其垂直直立。

安装阀门

- 将花洒阀门上的冷、热进水口，与已经安装在墙面上的弯头试接，若接口吻合，把弯头的装饰盖安装在玩头上，拧紧。

固定连接杆

- 将连接杆的墙面固定件放在连接杆上部分的适合位置上，用铅笔标注出将要安装螺栓的位置。
- 在墙上的标记处打孔，用冲击钻打孔，安装膨胀塞。
- 将固定件上的孔与墙面打的孔对齐，用螺栓固定住。

铺贴

- 将花洒上连接杆的下方在阀门上拧紧，上部分卡进已经安装在墙面上的固定件上。
- 弯管的管口缠上生料带，固定喷淋头。安装手持喷头的连接软管。
- 拆下起泡器、花洒等易堵塞配件，让水流出，将杂质完全清除，再装回。

施工贴士

- 给花洒预留的冷、热水接口，安装时要调正角度。可以先购买花洒，在贴瓷砖前把花洒拧上，看一下是否合适。
- 一般情况下，冷热水分布应为面对龙头左热右冷，有特殊标识除外。
- 花洒升降杆的高度，其最上端的高度比人身高多出 10cm 即可。

二、龙头

① 材料特点

- 水龙头的造型多变，具有实用功能的同时，也不乏美观性。
- 有些铜质水龙头易产生水渍。
- 水龙头为厨卫的基础设备，任何家居风格均适用。
- 水龙头常用于厨卫之中，是室内水源的开关，负责控制和调节水的流量大小。
- 水龙头以"个"计价，价格为 200 元 / 个起。

② 材料常见种类

水龙头按开启方式分扳手式、按弹式、感应式水龙头及抽拉式等类型。扳手式水龙头是最常见的水龙头款式，安装简单；按弹式通过按动控制按钮来控制水流的开关，与手的接触面积小，比较卫生，价格高；感应式水龙头靠人体感应出水，是最卫生的龙头，价格最高；抽拉式龙头可以将喷嘴部分抽拉出来到指定位置，非常人性化。

▲ 扳手式水龙头　　▲ 按弹式水龙头　　▲ 感应式水龙头　　▲ 抽拉式水龙头

③ 材料的设计与搭配

（1）根据实际需求选择款式

选择水龙头，可从实际需求出发，如果没有特殊要求，选择扳手式就能满足使用需求；若喜欢利落一些，可以选择入墙式；想要卫生一些可以选择按弹式或者感应式；喜欢在洁面盆洗头，则可以选择抽拉式。

▶ 入墙式感应水龙头不占据台面空间，适合对卫生性要求高且喜欢利落、简洁感的人群使用

（2）设计时，需注意龙头的高度

除了入墙式的水龙头外，其他款式的水龙头高度不一，有很多尺寸可以挑选，从美观角度来考虑，建议结合面盆的造型来决定，比例上更舒适才能让人有美的享受。台上盆或者立柱盆，可以搭配高一些的款式；台下盆、挂盆或者一体盆，建议选择矮一些的款式。

▲ 台上盆搭配较矮的水龙头不仅使用方便，比例也更舒适一些

④ 材料的安装与运用

龙头的安装步骤

准备工具

● 准备好工具和配件，包括扳手、钳子、买来的新水龙头、软管、胶垫圈等，并仔细地阅读说明书。

连接进水管

● 将龙头就位后，先把两条进水管接到冷、热水龙头的进水口处，如果是单控龙头只需要接冷水管。

安装固定件

● 龙头与面盆上的空洞契合后，把下方的紧固件固定上，并把螺杆螺帽转紧。

安装固定柱

● 把水龙头进水管先穿过面盆的孔洞处，使龙头直立在面盆上。

注：此步骤适合普通的扳手式、按弹式龙头及抽拉式龙头的安装，特殊的入墙式扳手龙头或感应或普通感应式龙头，安装方式不同，入墙式龙头需要将龙头主体安装在墙体内部，感应龙头则需要连接感应器。

安装贴士

● 水龙头安装完成后，用手晃动一下，要求必须安装牢固，连接处不能有渗水的现象。进水管的一端连接到进水口时注意衔接处的牢固度要适宜，不可太紧或太松。

● 在安装结束后，应认真验收，首先仔细查看出水口的方向。再将龙头打开，仔细感受一下，如果发现龙头有向内倾斜的现象，应让对方及时调节、纠正。

三、卫浴挂件

❶ 材料特点

• 卫浴挂件指浴室内所使用的金属装饰品，绝大多数的卫浴五金均以悬挂为特征，用来放置卫浴用品、毛巾等洗漱或洗浴物品。

• 卫浴挂件是卫浴间内的主要装饰，有很强的装饰性。

• 卫浴挂件的款式繁多，适合各种风格的卫浴间。

• 卫浴挂件虽然尺寸不大，但数量多，可体现卫浴间内的装修品位。

• 卫浴挂件的价格与用途、制作材料和制作工艺有关，价格为 50 元 / 个起。

❷ 材料常见种类

类别		特点	价格（元 / 个）
纯铜镀铬		市面上的主流产品，样式较多，电镀可分为亮光和磨砂两种，亮光更时尚，磨砂更高级	≥ 100
不锈钢镀铬		市面上的主流产品，不怕磨损，不生锈，色彩和样式比较单一	≥ 80
铝合金		表面一般是氧化或拉丝处理，不能电镀，款式较多，装饰性较好，不怕磨损，轻巧耐用，使用时间长了以后表面光泽感会减弱	≥ 60

❸ 材料的设计与搭配

（1）卫浴挂件的颜色可结合卫浴间的风格挑选

在卫浴间中，卫浴五金是装饰的重要组成部分，在选择色彩时，可在与整体风格协调的情况下，做一些个性化的选择，来让卫浴间的装饰与众不同。如工业风格的卫浴间中，搭配古铜色的五金，就会比银色的更具独特感。

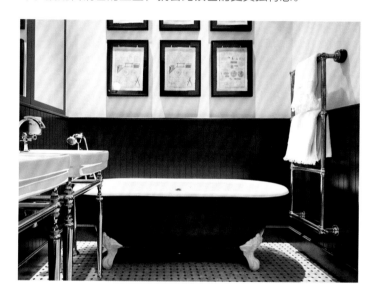

◀ 黑色的墙面，搭配金色的卫浴五金，极具独特感

（2）位置的设计很重要

在安装卫浴五金前，建议先进行整体的规划设计，需考虑到使用的便利性，和组合的节奏感，才能让人感觉舒适而美观。若没有整体规划，容易让人感觉杂乱无章。

◀ 卫浴间内的五金组合十分具有节奏感，这样的设计具有美感加成的作用

（3）造型选择上，宜考虑整体性和统一感

卫浴间内的挂件数量比较多，在选择不同作用的挂件时，建议从整性和统一感方便来选择造型，若为同一品牌的同系列产品最佳，若自行组合，可将风格的经典造型元素作为基准，例如简约风格的卫浴间，所有五金均选择银色系、直线为主的款式，细节上可略有差别。

▶ 造型均以直线为主的卫浴洁具，强化了装饰设计上的整体感

④ 材料的安装与运用

卫浴挂件的安装步骤

确定安装位置	标记打孔位置
● 在开始安装前，应先确定挂件安装位置并标注下来。 ● 应注意避开墙面管道和柱子的位置。	● 在安装垫上，标记处挂件底座安装所对应的螺孔位置。

固定挂件	打孔
● 将膨胀管插入螺孔后，用螺钉固定底座，将挂件套在底座上，拧紧螺钉固定。	● 在螺孔标注点用电钻打孔，孔的直径需大于螺栓的直径，以便安装。

施工贴士

- 卫浴挂件的安装位置应正确，整体应横平竖直、无歪斜现象。
- 卫浴挂件安装面的结合应紧密、无明显缝隙。
- 卫浴挂件安装应牢固，用力晃动无松动和晃动现象。
- 安装完成后，卫浴挂件表面应无划痕、磕碰痕迹、掉漆现象。